本书由北京市博士后科研基金项目（2015ZZ-94）及北京印刷学院博士科研启动金资助

当代设计卓越论丛
许　平　主编

世纪“广生行”

20世纪中国产业环境下的设计体制研究

张馥玫　著

东南大学出版社
·南京·

内容提要

本书以“广生行”为代表的上海日化产业一个多世纪的设计发展为例，以三个时代的三个典型人物作为中国现代设计体制研究的切入点，考察一百多年以来现代设计在不同的历史与社会背景之中的发展变迁，分析设计师角色与身份的转化，以此来描述现代设计“嵌入”中国现代化进程的历程。

图书在版编目（CIP）数据

世纪“广生行”：20世纪中国产业环境下的设计体制研究 / 张馥玫著 .—南京：东南大学出版社，2020.2

（当代设计卓越论丛 / 许平主编）

ISBN 978-7-5641-8805-4

Ⅰ .①世… Ⅱ .①张… Ⅲ .①日用化学品 – 产品设计 – 研究 – 中国Ⅳ .① TQ072

中国版本图书馆 CIP 数据核字（2020）第 010363 号

世纪“广生行”——20世纪中国产业环境下的设计体制研究

SHIJI GUANGSHENGHANG—ERSHI SHIJI ZHONGGUO CHANYE HUANJING XIA DE SHEJI TIZHI YANJIU

著　　者：张馥玫
责任编辑：许　进
出 版 人：江建中
出版发行：东南大学出版社
社　　址：南京市四牌楼 2 号　　　邮编：210096
经　　销：全国各地新华书店
印　　刷：南京玉河印刷厂
版　　次：2020 年 2 月第 1 版
印　　次：2020 年 2 月第 1 次印刷
开　　本：889mm × 1194mm　　1/32
印　　张：8.25
字　　数：251 千
书　　号：ISBN 978-7-5641-8805-4
定　　价：49.00 元

本社图书若有印装质量问题，请直接与营销部联系。
电话：025-83791830

序

工业革命以来，尤其是20世纪百年以来形成的世界政治、经济、文化格局，在21世纪的短短十数年间正在悄然发生变化。全球生态的危局、全球通信的扩张、全球贸易的衰减，这些激荡不已的因素将发展获利的对立以及发展途径的冲突以更为现实的方式摆到世界面前。以国际化、自由化、普遍化、星球化四大趋势为标志的全球化进程，因为其“超越民族和国家界限的社会关系的增长”[①]而备受争议，同时也更加激起源自文化多样性及文明本性思考的种种质疑。尤其是全球化过程所隐含的“西方化”“美国化”甚至“麦当劳化”等强势文化因素，不仅将矛盾纷争引向深入，而且使得这个以去地域化的贸易竞争、信息掌控为标志性手段的现代化过程，日益明显地演变为一场由技术而至经济、由政治而至民生的“文明的冲突”。

现代文明的矛盾与现代设计的发展有着深刻的内在关系。人类文明的多元性在历史上从来都是以生产方式的在地性与生活体

①罗兰·罗伯逊，扬·阿特·肖尔特．全球化百科全书．南京：译林出版社，2011: 525

验的情境性为基本特征的，而现代设计从一开始就以适应抽象化的工业生产体系为主旨，以脱离传统的文化变革、审美重建为目标，因此它与一种“解域化”（deterritorialization）的生产发展之间有着几乎天然的策略联盟甚至需求共振。这种贯穿于形式表层及评判内核的价值重构，加剧了当代生产与设计中“文化与地理、社会领域之间的自然关系的丧失”①。它意味着，现代设计与全球生产经贸的同步在促使生产中的情境体验消解于无形的同时，催生了一种超越地域约束的标准与语境。而对传统羁绊的摆脱，则进一步促使现代设计进入全球经营模式，在无限接近商业谋利的同时与20世纪汪洋恣肆的消费文化狂潮结盟。这使得本来担负着文明预设与生活价值重建责任的现代设计，事实上需要一种与商业谋利及资本合谋划清泾渭的理论清算。毫无疑问，进入21世纪以来，现代设计一方面面临着前所未有的全球扩展，另一方面也面临一系列必须及时反思与澄清价值的重大课题。今天，这种反思在全球范围逐渐推开，从设计本体的价值观、方法论、思维与管理模式，一直延伸至与设计相关的社会、经济、文化、审美等一系列跨领域的研究。

中国设计问题的复杂性事实上与这个历史过程结为一体。在中国，现代设计从手工生产时代逐渐剥离并成为一种独立的文化形态，其间经历两次意义重大的发动期。第一次发动产生于20世纪初，一批沿海新兴城市中，最初的工商业美术设计实践开始兴起；第二次发动产生于20世纪中期，来自设计高校的教育力

① Néstor Gartía Canclini. 混杂文化 // 罗兰·罗伯逊，扬·阿特·肖尔特. 全球化百科全书. 南京：译林出版社，2011: 306.

量通过这次发动奠定了中国现代设计及设计教育的基本格局，并将其延展至制造、出版、出口贸易等领域。其间尽管由于中国社会的沉沦波折而历经坎坷，但总体而言两次发动深刻地影响并决定了中国现代设计发生及发展的历程，今天则或许正迈入第三次历史性发动的进程。应当说，中国设计在这个过程中所呈现的创造性活力与暴露出的结构性缺陷同样明显，并且同样未曾得到应有的总结与澄明。尤其值得注意的是，现代设计的强势输入，隐含着忽略中国自身问题研究的危险。改革开放以来的很长时段内，中国设计界将不少的精力投于引介西方的工作中。毫无疑问，这些工作为推进中国设计的成长作出了积极的贡献；但是一旦设计开始与中国社会的实践密切结合，设计问题本身的国际因素以及国情的介入，都将使设计发展的路径更加扑朔迷离，仅以单纯的模仿已经不能适应新的发展需要，而这正是长期以来以西方设计的逻辑与方法简单应对中国实践而成果往往并不理想的原因。

因此，在继续深入引介与学习国际经验的同时，一个主动思考中国设计发展方向与战略、价值与方法，主动研究中国设计现实问题与未来走向的时代已经开启。这种开启的现实背景正是：中国已经成为世界第二大经济体，并正在向第一大经济体迈进，中国经济的任何不足都将成为世界的缺陷，中国文化的任何迷误都将加深世界发展的困局。这一逻辑将同样适用于“中国设计的未来足以影响全球化进程的未来”。

近年来，国内一批以这种研究为目标的学者已经获得阶段性成果。本套“卓越论丛”也因上述背景及实践的发展应运而生。本论丛以当代中国最重要及最敏感的设计问题研究为导向，以全球化理论框架为参照，以事关中国现代设计发展的基础理论、方式方法、思维导向、管理战略、教育比较等广泛议题为范畴，以民生福祉为圭臬，集中当代学者智慧，撷取一批研究成果结集出版。

论丛名为“卓越”，既抱有在世界设计发展的格局中创造卓越、异军突起的期冀，也包含着在中国治学传统的氛围下锥指管窥、见微知著的寓意。无论是写与读的面向，论丛都以设计界的青年为主体；在选题上，将尽力展现鲜活、敏锐的新思维特色。要指出的是，设计问题领域广阔，关涉细琐，加之长期缺乏基础理论建设，许多现实中的设计问题往往积重难返，一项研究并不足以彻底解决问题。本论丛选题皆不求毕其功于一役，仅期望一项选题就是一个思想实验、学术创新的平台，研究中能够包含扎实、细致与差异化的工作，逐步地推行研究中国问题的勤学之风、思考之风。期望以此为契机，集合一批年轻的朋友，共同开创这片思想的天地，共同灌溉这株学术的新苗，共同回应我们肩负的可能影响民族未来的历史寄寓的使命。

谨以此序与诸君共勉。

许平　谨识于望京果岭里

2010年4月—2014年4月

目　录

前 言

2009年北京举办世界设计大会期间，导师许平教授在中央美术学院美术馆策划了《中国现代平面设计文献展》。那是我第一次正式参与到大型展览的展务工作中，在体验新工作任务的同时，也接触到中国平面设计的鲜活材料。

民国时期的月份牌是19世纪末20世纪初中国设计师创造的独特视觉文化遗产，是当时展览的一个重要版块。广生行的“双妹唛”化妆品月份牌，在旗袍美女成双成对的画面视觉中心周边，往往会有一圈刻画精美的花露水、粉嫩膏、香发油等经典民国化妆品。广生行最开始引起我的兴趣，便是从一张张月份牌而起。

在中国日化产业一百多年起伏沉浮的发展历程中，广生行是一个耐人寻味的案例，它折射出中国民族企业的发展历程。最早从香港沿街叫卖的货郎担担，发展到在全国各大城市设立分销机构与工厂，再到新中国时期从计划经济到市场经济体制下的身份转换与业务变迁，它从一个局部生动地反映中国产业经济的发展变迁，也成为观察中国近百年来设计体制变迁的绝佳案例。

因此，本书以中国日化背景下的广生行为研究起点，从组织机构史的角度来展开设计体制研究，在总结特定历史时期中国设计体制的发展特征时，本书以与上海日化产业的产品设计与推广相关的代表性人物作为产业环境中设计体制的集中观测点，选取了三个代表性的历史阶段与典型人物：20世纪初期穉英画室的创办者杭穉英，20世纪中叶美加净的设计师顾世朋，1980年代以来上海家化的管理者葛文耀，围绕这三个代表人物展开资料收集与分析，将三个关键人物、相关设计组织机构及其设计活动、设计成果置于中国百年设计发展的历史线索中去观察与定位。通过杭穉英、顾世朋、葛文耀这三个具体历史时期中的设计师和设计管理者的角色变化，来分析设计组织形式变化的特点，以此来描述近百年来中国设计生态的发展变迁，感受现代设计进入中国的历史过程，并力图将其中设计体制的变化与现代设计“嵌入”中国经济社会大系统的历史脉络的把握相结合，对中国当下的设计体制作出审视与展望，从中得出更具广泛意义的研究结论。

本书从社会机制的角度，试对若干设计体制的发展节点作概要论述，形成对三个不同时期的中国产业环境下的设计体制发展和变化的描述，寻找每一个历史时期现代设计发展的关键词。

雷蒙德·威廉斯在《关键词》一书中，以诠释与文化相关的多个词汇在意义上的变化作为研究线索，来揭示社会文化不断发展变迁的历史情境。本书以轻工业系统中的日化行业作为研究设计体制的切入点，选取了“商业美术家”“老法师”“设计师”等关键词汇，展开围绕设计师个人或团队的相关事件、设计过程、设计成果的关联性研究。

在研究方法上，本书尝试将历史文献研究与口述史研究相结合。“每个人内心的真相合起来就是历史的真相。”在参与《20世纪上海百年设计智慧档案》课题调研的过程之中，本人走访近四十位上海轻工业系统中的设计师与设计管理者，听他们讲述真实生动的个人经历。口述史研究对官方数据与文献记载起修订与补充的作用，注重挖掘生动的历史细节与人物的个体经验。口述史材料往往能让我们在历史的褶皱之中窥见更多的真实，访谈的过程也成为口述史研究方法探讨的重要途径，观察角度与面向越多，越有可能逼近历史的真相。与此同时，个体经验只有与整体历史描述形成对照与联系，才有可能避免碎片化、细节化地讲述历史。

在写作过程中，我尝试以个人视角与历史宏观视角的交替来进行综合论述。“人物与组织，是相辅相成的因素。……人物筹划了组织，更新了组织，而组织与制度，为人物提供了工具。组织，会有老化与涣散的时候；组织内部转变，也会有因为移形换位而蓄积的张力。一个有见解与有魄力的人，会知道怎样将张力蓄积的能量，转化为新的力量，开创新局面……”[①]三个关键性人物分别是中国百年设计史发展中的三个特定历史时代的表征，具有代表性和典型性。虽然这三个人物本身并不能概括历史的整体面貌，但是通过与他们密切关联的其他人物、机构、活动与社会因素，可以汇织成一张百年以来在日化产业环境中发展的设计生态网络。

世纪回眸，中国的现代化发展进程中有许多值得定格的决定性瞬间。今天，国家的经济实力已与一百年前不可同日而语，大国崛起成为中国发展的重要背景与主题词。中国文化的传播度越

---

①罗兰·罗伯逊，扬·阿特·肖尔特．全球化百科全书．南京：译林出版社，2011: 525

来越广，中国人对文化自信心也越来越强。在挖掘传统文化基因，重视文化资源传承的当下，对“世纪‘广生行’”解读，与中国的产业发展相关，与对中国设计组织机构的理解相关，也与对宏观历史发展线索的理解相关。一个日化品牌的发展历程，折射了近一个世纪里中国现代设计体制的发展变迁。

本书仅是我对中国设计体制研究的阶段性认识成果，写作过程中仍有许多不足，在研究资料、研究视野与研究方法上仍有待增进与提升。在后续研究中，我将继续加深自己的理解与认识。

1 导论

1.1 上海：中国现代设计的发源地

中国现代设计的起源与上海的城市发展有着密切的关联。自1843年开埠通商以来，上海迅速跃升为中国近现代史上最具代表性的城市之一，汇聚了20世纪初中国最活跃、最发达的政治、经济、文化与艺术因素。这座城市中聚集了大量的艺术与设计人才，涌现出中国早期现代设计的标志性成果。与世界设计体制的发展几乎同步，上海城市中出现了中国最早的具有现代意味的设计机构。工商业美术在产业发展背景中迅速涌现与成长，形成与早期轻工产品相辅相成的现代设计产业萌芽。中国本土的设计体制正是在全球化关系加剧中悄然地、坎坷地成长起来，既从西方设计发展过程中提取经验，也从本土资源中汲取能量，形成了独特的发展路径。

1.1.1 中国产业环境中的设计发生

近一个多世纪以来，中国社会渐渐受到了“现代”西方的影响，面临从制度、技术、文化、思想等诸多层面从传统向现代变迁的过程，在现代化进程中呈现出错综复杂的社会景观。这一过程在上海有着浓缩而集中的体现，现代设计也在其中逐渐扩大影响力并完善自身的概念。早期的“设计”是一个定义模糊的概念，“图案”“工艺美术”“商业美术”等代名词，仅仅点出了“设计”在某一方面的特质。设计的概念在这一百多年间逐渐变化与拓展，与中国近现代的产业发展环境密切相关，从最初设计商标、产品、广告等案头绘图工作，逐渐延伸为包含产品的前期策划、创意研发、试制生产与营销推广的整体过程，设计成为更为复杂而系统的社会化行为，在中国的产业发展进程中扮演了重要角色。

现代设计是产业链的一个重要环节，产业环境中的经济发展与商业需求等因素对现代设计产生了重要影响。本书从“大设计”的概念出发来描述设计体制的发展与变迁，在特定历史坐标的真实产业环境中观察现代设计的孕育和发展，考察设计机构的组织方式、设计行为的开展方式、设计结果的呈现方式以及社会对设计的接受方式。

1.1.2　上海日化产业的代表性

上海是考察中国近现代产业发展时不可绕过的关键点。上海的日化产业作为西方列强对中国进行经济侵略的过程中产生的现代产业形态之一，是20世纪“商业美术”繁荣发展的肥沃土壤，是最早与中国的现代设计产生对接的行业之一。百年来上海日化产业的发展是20世纪中国产业现代化历程的一个缩影，而设计作为辅助行业发展的一个关键环节，在不同的历史时期以不同的驱动方式与力度作用于中国的日化产业。

19世纪中叶，随着西方工业国家经济的强势入侵，中国民族经济基于仅有的技术与有限的经济能力，寻找成长与抗争的机遇。上海也在这一过程中成长为万商之都，中外资本的工业总产值长期占全国工业总产值的半数以上。抗战前，饮食、皮革、造纸、印刷等行业和其他一些轻工业行业的总产值均占全国同行业产值的百分之六七十以上。[①]与国计民生直接相关的日化产业成为中国最早的民族经济发展平台之一。在上海，由于城市形态变化而随之兴起的现代生活需求为日化产业的迅速成长提供了天然的沃土。以日化产品推广设计作为设计体制的研究起点，也是因为设计体制的形成与设计师的职业化之间具有密切联系。上海日化产品的推广设计是20世纪初中国设计走向现代化的先锋队列，日化产业成为中国现代设计体制成长的重要平台，设计师的职业自觉、设计机构的组织管理、设计行为的发生发展都通过日化产业得到了生动的反映。

中华人民共和国成立之后，上海的日化产业作为中国本土经济中最具代表性的产业领域之一，其行业变革是具有典型性的局部案例。上海大大小小的日化厂商在公私合营的过程中形成以产品门类进行生产分工的几所国营日化大工厂，并形成了统管行业的设计组织形式——美工组，化妆品由于产品的特殊性，在外贸出口产品的设计上仍有所创新与发展。

改革开放后，日化行业在国家由计划经济体制向市场经济体制转型的过程中成为合资与改制的先驱，面临整个行业的重组调整，原先统领行业的日化设计组织在逐渐式微的同时，基层日化生产单位中的驻厂设计机构与应市场要求而生的独立设计机构也日渐成长，形成了新时期重新趋于多元的日化设计面貌。

---

① 黄汉民，陆兴龙．近代上海工业企业发展史论．上海：上海社会科学院出版社，1980：12. 转引自巫宝三．中国国民所得（上册）．上海：中华书局，1947：64（插页第1表）．

1.2 中国现代设计体制研究的问题意识

1.2.1 设计体制——关系的研究

本书尝试界定设计学研究中的“设计体制”。“体制”一词在《辞海》中被定义为“格局、规格、结构，组织制度及礼制、规矩”，也指国家机关和企事业单位中权限划分的制度；“机制”一词在《辞海》中主要指“有机体的构造、功能和相互关系，也指一个工作系统中的组织或部分之间相互作用的过程和方式”。本文在观察与研究社会中的设计系统时，也借用了“体制”与“机制”的概念，通过探讨“设计机制”与“设计体制”之间的关联，从而对“设计体制”的研究作出界定。

我们对设计史基本结构的考察主要从纵向与横向两个维度来展开。（见图1-1）

在纵向维度上，设计主体、设计机制、设计过程与设计成果这四个方面的主要因素构成了设计现实。首先，设计师与相关专业人群的集合形成了设计主体。与设计活动密切相关的社会体制、市场体制与设计体制等内部因素与社会对设计的接受、评价等外部因素形成了设计机制。设计程序的制订与执行构成了设计过程。设计主体通过设计机制的运营与设计程序的执行，最终的目标呈现为设计成果。因此，设计机制作为考察设计现实的一个重要环节，在设计史的横向考察中处于关键位置，是设计史研究在横向拓展考察时的重要对象。

在横向考察中，设计体制与设计机制内部的社会因素、市场因

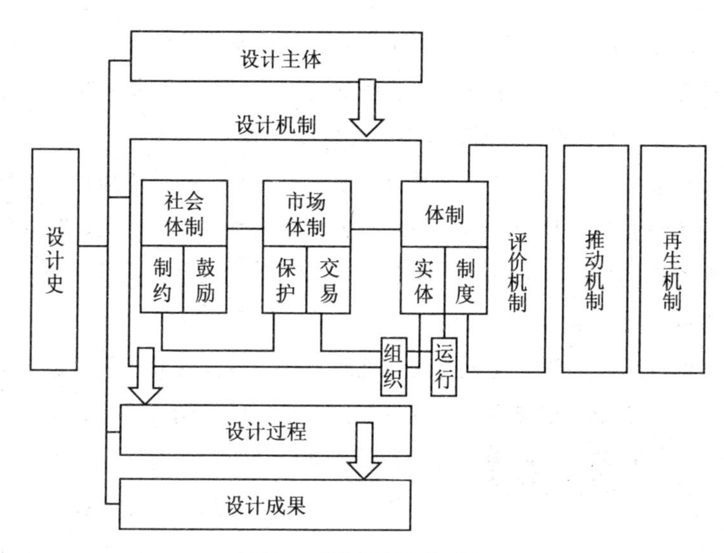

图 1-1 设计体制的研究框架

素紧密联系，设计机制作为社会对设计接受系统中的重要部分，既包括了设计体制，也包括了设计体制在整个社会设计系统中的社会体制（社会如何接受、制约设计）、市场机制（市场如何鼓励设计组织进行设计交易）以及相应的设计评价、设计推动、设计再生等机制之间的对接，着重于考察设计在社会中所发挥的作用。这几个方面结合形成一个整体的设计机制，是一个更加具有辐合性、兼具刚性与柔性成分的概念集成。

本书着重考察的是设计体制，它作为设计机制的一个重要组成部分，主要包含了实体与制度两方面内容。实体指各种形式的设计组织；制度指支撑、规范设计系统运行的整套制度，包括设计的认证制度、申报制度、审查制度等，关系到设计组织如何在特定的社会环境中运行与控制。

设计体制的存在是现代设计产业形成与发展的前提。对设计体制的考察是对设计所关联的社会系统的整体考察，它既关联到设计主体，又影响到设计过程，最终呈现为设计结果与设计水平，因此，设计体制在中国的社会设计系统考察中具有重要的战略地位。设计体制不仅仅是一种现存的组织结构、商业关系或生产模式，其本质是产业形态与社会生态之间的接口，是设计生产力得以向社会输出、释放的渠道与闸门。

设计体制的研究是研究设计机制与社会对设计的接受机制之间的关系，需要在研究视角上进行转换。设计的机制与系统，也就是设计机构的组织和管理方式，设计活动的执行和规范，还有设计成果的呈现方式；与此同时，由政治、经济、思想、文化、技术等因素所形成的特定社会环境，它既是设计发生和发展的背景，也产生了与设计机制相匹配的社会接受机制，既为设计行为的产生提供土壤和养分，也对设计行为形成影响和制约。因此，本书考察设计机构与设计师的设计行为如何在特定的社会环境下发生并起作用，并试图归纳其中可能存在的设计体制的模式、特征和规律。

1.2.2　设计体制研究的问题意识

设计史研究在当下具有特殊的意义与紧迫性，中国艺术家的相关研究多如牛毛，然而中国设计师的相关研究目前较少，由于保存的资料较为有限，多年来对设计行业从业人员的关注与重视程度远远不及对美术界从业人员，中国设计师群体的历史面貌处于相对模糊的状态。但是，正是这些默默无闻的设计从业者建构了这个国家的物质文化景观。如今，随着曾经参与过20世纪初期中国现代设计早期实践的一批老前辈离开人世，对百年以来设计界发生的具体历史事实进行了解、梳理与总结也显得越来越重要。

设计体制研究尝试将原本零散的设计研究资料置于设计组织形态变迁的历史线索之中，形成对中国现代设计史发展脉络的整体认识。特定的政治、经济、思想、文化、技术等因素形成了具体的社会环境，这些条件既构成了设计活动发生与发展的背景，也形成了与设计机制相匹配的社会接受机制，既为设计行为的产生提供土壤和养分，也对设计行为形成影响和制约。因此，设计体制是使设计机制和社会对设计的接受机制之间实现对接的接口，是社会环境和设计行为之间的关系的调节器，对设计体制的考察既包括了考察以设计活动的实施为中心而形成的组织体系和制度，也包括了考察社会对设计的接受机制。

19 世纪中后期以来的中国产业环境集中反映了影响中国现代设计发生与发展的诸多社会因素，笔者将设计体制的研究定位为设计生态中的产业环境与设计发展的关系研究，在考察具体设计史实与材料的同时，探讨了本书主要关注的问题——在中国近现代特定的历史环境中，设计体制呈现出何种特质，对设计面貌产生了什么样的影响？

不同历史时期的产业环境，在工业发展程度、社会需求状况、经济和市场发育程度、社会文化因素与管理因素等方面情形各异，形成了不同的设计驱动力。20 世纪初期繁荣的商业竞争与消费需求刺激现代设计的发展，20 世纪中叶国家层面的产业统筹对设计面貌起了关键性的作用，1980 年代以来的设计则在市场经济逐步深化的过程中积蓄力量。本土与外来的文化因素对设计产生的影响在不同时代也有强弱的对比，不同历史时期设计体制呈现的设计创造力各不相同。产业环境因素是激发还是抑制设计的创造力，成为评价具体历史时期的设计体制是否促进设计发展的重要标准。

产业环境与设计体制之间形成了不断变化与调适的关系，笔者对设计体制的研究以设计的驱动力为观察线索，期望初步建立研究模型，探讨设计体制的规律与特征，寻找有利于发挥设计创造力的设计体制模式。

1.2.3 上海日化产业与中国的设计体制

上海日化产业是20世纪中国产业经济中的一个局部案例，它发端于19世纪下半叶，是中国民族经济早期的发展平台之一。尽管直至今天，日化产业的规模也无法与能源产业、交通产业甚至建筑产业相比，但在中国的产业环境中它却有特殊的存在价值。

上海的日化产业是中国轻工业系统中最早与“商业美术设计”产生对接的产业之一，催生了中国现代设计产业的萌芽。日化产业以它的日常性、敏感性以及对于设计介入的特殊要求，成为最早反映中国现代设计产业化进程的标志性产业领域之一。因此，以上海日化产业作为切入点来考察现代中国产业环境中的设计体制，具有特殊的针对性和说明性。

日化产业的发展，离不开特定的时代背景、社会政治、经济体制、文化思潮和技术革新产生的重大影响。根据日化产业发展的历史分期，以及社会环境和设计活动机制的特殊性，中国日化产业设计体制的发展大致可以分为三个阶段：

一为19世纪末至20世纪上半叶的现代设计启动期。社会上产生了服务于产业发展与市场竞争的诸多私营设计机构，受到市场价值的驱使与民族精神的感召而吸附产业环境中的设计资源，自觉地吸附周边能量来促进设计发展，自下而上地形成了“吸附式”的设计体制，具有多元性、灵活性与商业性等特征。

二为20世纪中叶的中国现代设计的转型期。在中国计划经济体制之下，设计也被纳入社会大生产之中，成为一个必要环节，以“美工组”为主要的设计组织形式。从国家层面上给予设计发展的推动力，自上而下地形成了“给予式”的设计体制，具有计划性、单一性与研究性等特征。

三为1980年代以来现代设计的拓展期。在重新放开的市场经济环境之中，企业内设计机构、独立设计机构等通过不同的形式服务于企业，凭借各自所拥有的资源来填补产业中的设计空缺，形成了“填补式”的设计体制，具有多元化、竞争性、拓展性等特征。

2　商业美术家：“吸附式”的设计成长

2.1　杭穉英与上海早期的设计培育

从1843年上海开埠以来，传教士、外国商人和租界管理者等各式外侨迅速迁居上海，中国的外省移民也在战乱年代一批批源源不断地涌入上海，以江苏、浙江、安徽、广东四省为首。外来人口为这座城市提供了新的劳动力、资本、手艺、技术和智慧，塑造了这座城市日新月异的面貌。“有钱人的天堂，冒险家的乐园”——上海集合了全世界对于东方现代物质文明与精神文明的想象与现实，在江浙地区乃至于全国都具有领先性与辐射力。这座移民城市由于独特的社会格局而呈现出活跃的文化氛围和诱人的机遇，众多知识分子、手工艺人和美术从业者纷纷选择上海，海纳百川、兼容并蓄的上海也因此成为中国现代设计发展的培养皿。

民国初年，浙江海宁盐官镇人杭卓英来到上海，在商务印书馆担任印刷厂厂长鲍咸昌的中文秘书。随着一家之主的生计变动，杭家举家搬离原籍到上海另谋出路。这样的家庭犹如沧海一粟，不过是成千上万从异国他乡、全国各地迁入上海的家庭中的一个。新移民为社会各行业的发展注入了新的动力。1913年，商务印书馆首次招收印刷所图画部的练习生[①]，1914年，随父亲杭卓英来到上海、年仅14岁的杭穉英初次尝试便成功考入商务印书馆图画部当练习生。这个少年后来成为雄踞上海月份牌广告画创作半壁江山的独立设计机构"穉英画室"的创办人。经过商务印书馆的美术训练，18岁的杭穉英已经能够独力完成整幅月份牌广告画，渐渐在上海滩有了名气。在三年学徒、四年服务期满之后，他便自立门户创办画室，开始承接广告、商品包装与商标设计。杭穉英考入商务印书馆图画部当练习生，是其个人商业美术生涯的一个重要起点。当时上海以商务印书馆为代表的诸多文化机构由于自身的业务需要而形成了设计需求，在产业拓展的过程中培养了上海最早的一批设计人才。

2.1.1　商务印书馆：文化传播中的设计需求

商务印书馆是中国20世纪上半叶令人瞩目的文化传播机构之一，与北京大学并誉为"中国近代文化的双子星座"，是中国知识分子受到西方传教士和外国商人在上海开办出版事业获利不菲的刺激而创办的。由于夏瑞芳、鲍咸恩、鲍咸昌、高凤池等创始人都是印刷专业出身，受过教会学校清心书院的教育，最早的商务印书馆不过是一个由多人集资创建的印刷作坊，承接各式商业印刷业务。随着当时在南洋公学译书院担任院长的张元济投资加盟并主持一系

① 本文所涉及的有关杭穉英的关键生平的几处确切时间节点，在乔监松的《穉英画室研究》与杨文君的《杭穉英研究》一文中均有仔细的考证，此处采用《杭穉英研究》中所确认的时间节点：杭穉英出生于1901年，1914年随父到上海，同年考入商务印书馆图画部，1921年脱离，1921年底到1922年间创办自己的画室。金雪尘于1925年加入画室，李慕白则于1928年加入画室。1937年抗战爆发后关停画室，1947年9月17日因积劳成疾突发脑出血去世。文中提及《上海美术风云》一书记载商务印书馆最早于1913年6月22日在《申报》上刊登"上海商务印书馆招考；图画生"的广告，此应为商务首次招收此类图画练习生。

列改革，商务印书馆逐渐转变为具有全国影响力的文化出版机构，在建立其完备的文化出版系统的同时，也建立了为其服务的商业美术系统，并且拓展了美术电影事业，与上海的美术界产生了紧密的联系，培养了一批中国本土的出版人才和美术人才。

商务印书馆的成功进一步带动有志之士创办中国自己的文化事业，促成了上海兼容并包的文化氛围。旧时的望平街[①]一带是上海的文化传播中心，汇集了以《申报》《新闻报》《时报》三大报馆为首的十余家报馆，望平街南侧的四马路[②]上商务印书馆与中华书局曾隔街相对而立，后来此处汇聚了以中华书局、世界书局、大东书局[③]三大书局为首的几十家书店[④]。这一带成为文人墨客聚首流连的文化名街，构成了现代设计发生发展的文化环境。书籍设计、美术电影制作和工商业宣传等活动产生了最早的设计需求，集结并培养了一批上海本土的商业美术人才，先进的印刷技术为设计提供了必要的技术支撑，这是一个使文化、经济、技术、人才等因素在设计机构中有机融合的“吸附”过程，为设计活动的发生与发展提供了必要的能量。

2.1.1.1　图画部：上海本土商业美术人才的培养

商务印书馆早期的美术业务纯粹为图书出版服务，在印刷所下设图画部（也称美术室），负责绘制商务印书馆出版的图书封面、插图和广告宣传画。直到 1913 年，原在土山湾孤儿工艺院习艺授艺的徐咏青从中国图书公司转入商务印书馆，主持图画部并带来新举措，开办“绘人友”图画学习班，招收练习生培养人才。根据商务

---

① 今天的上海山东中路从福州路口至南京东路一段。

② 今天的上海福州路是民国时期的四马路，旧时四马路东段是有名的文化街，书店林立；而四马路西段则是有名的妓院集中之地。

③ 商务印书馆 1897 年创立时选址于四马路，5 年后迁至北福建路。

④ 柯兆银，庄振祥 . 上海滩野史 . 南京：江苏文艺出版社，1993：377.

印书馆的规定，练习生在图画部学习三年，每月零花钱3块大洋，期满之后再为商务印书馆服务四年，大部分人去了门市部，每月基本薪水为10块大洋，再根据个人业绩提取利润[①]，让图画部培养的人才通过社会实践为企业服务。

杭穉英便是徐咏青主持的图画部招收的第一届练习生。与杭穉英大略在同一时期进入商务印书馆图画部当练习生的还有柳溥庆，他于1913年跟随徐咏青从中国图书公司转入商务印书馆图画部[②]，后出国留学历经磨炼，成为新中国杰出的印刷专家。此外，先后在图画部学画的还有从事月份牌广告画创作的画家金梅生、戈湘岚和张荻寒、加入"穉英画室"的金雪尘、服务于制药与日化系统的广告和包装设计的李咏森、漫画家鲁少飞、服务于商务印书馆印刷所的画家陈在新[③]等人[④]。当时商务印书馆图画部聘请了一位德籍教师

---

① 林家治.民国商业美术主帅杭穉英.石家庄：河北教育出版社，2012：32，43.

② 《柳溥庆传略》（柳百琪，印刷工业，2008（3））一文中提及柳溥庆1912年冬在中国图书公司当铸字徒工，并跟随当时在中国图书公司工作的徐咏青学画，1913年中国图书公司由于周转困难而盘给了商务印书馆，柳溥庆便跟随徐咏青转入商务印书馆印刷所图画部。

③ 据《中国美术家人名辞典增补本》（张根全编，西泠印社出版社，2009：476）记载，"陈在新（1905—），原名陈铭，浙江海盐人，历任商务印书馆印刷所图书部职员、上海市画人协会理事等职务"，擅长绘画、木刻与图案。

④ 画家丁浩在《霞飞路和合坊两广告画家》（http://zx. huang pu qu. sh. cn/hpzx /InfoDetail/ ?InfoID=fd5d06f4-1887-446e-8ec5-6e63d8c1e907&CategoryNum=024004003008）一文中提及，"上海商务印书馆对培养中国广告画家起了重大作用，他们招收一批爱好绘画的青年做练习生，和杭穉英同时考入商务印书馆做练习生的还有金梅生、李咏森、金雪尘、鲁少飞、戈湘岚、陈在新、张荻寒等人。商务印书馆聘请德国、日本等外国画家教他们学西画基础，由吴待秋教他们学中国画，这些人后来都成为中国早期的广告画家。"而在丁浩的另一篇文章《将艺术才华奉献给商业美术》（载于益斌、柳又明、甘振虎，老上海广告，上海：上海画报出版社，1995：15）中，则提及李咏森同丁浩的谈话，李咏森在1920年商务印书馆招收图画间练习生时考入该机构，与他同时做练习生的有杭穉英、金梅生、金雪尘、戈湘岚、陈在新、张荻寒等人。

教授西洋绘画和广告技法，其他几位老师为中国人，徐咏青教授水彩技法，吴待秋教授中国画，何逸梅在图画部学成之后教授国画基础，金梅生后来在练习生期满之后也曾留任图画部担任教师。继徐咏青之后，何逸梅、吴待秋、黄宾虹、黄葆钺、钱宝锡等人[①]曾先后主持过商务印书馆图画部的工作。

徐咏青主张“美术为社会所用”，提倡承接社会上的商业美术订件，当时流行的月份牌、画片等实用美术品的印刷业务都为商务印书馆增加了收益。1900年至1922年间，商务印书馆在《申报》上发表的图画部招生、月份牌征稿、印刷、发行与举办展览的相关广告共有十余则[②]，而这些具体业务便由图画部培养的美术人才来承担。杭穉英便在这个过程中积累了商业美术知识和业务能力，在图画部三年学画期满之后被派去门市部服务四年。门市部是负责与客户接洽事务的部门，杭穉英常需根据客户要求，快速勾出设计小稿与客户沟通，他娴熟的画艺与灵敏的反应为商务印书馆争取了不少客户，也为自己在时机成熟时开设独立画室积累了必要的人脉与资源。上文提到的其他画家也都学有所成，在中国美术史上均值得大书一笔。美术人才的业务能力对商务印书馆的业务提升起了关键作用，而也正是杭穉英在商务印书馆工作获得的技艺与业务经验支撑他开办个人画室，随着业务的拓展又邀请同学

---

① 据乔志强在《商务印书馆与中国近代美术之发展》（南京艺术学院学报·美术志设计版，2007（2））提及，继徐咏青之后，“著名书画家吴待秋、黄宾虹、黄葆钺等先后主持其事”，又因陈瑞林在研究中提及在徐咏青离开之后，图画部实际由何逸梅主持，《商务印书馆总公司同人录》中提及印刷所图画部负责人为“钱宝锡”。

② 王震．二十世纪上海美术年表．上海：上海书画出版社，2005: 1–128.

金雪尘[①]加盟，并且培养李慕白等得力助手，形成分工合作的有效运作流程，成长为当时上海重要的设计机构。

1920年代初期，商务印书馆在"一处三所"的各机构中均设有美术设计部门，服务于具体的出版事务。根据《商务印书馆总公司同人录》（1923年）的记载，总务处作为企业的总机关，起统管各个机构的作用，总务处的通信股交通科下面设有广告股，当时的职员"万海啸"便是后来在中国美术电影行业成就卓著的万籁鸣——万氏四兄弟中的老大。万籁鸣先是在交通部从事业务推广，后又到影戏部，其孪生弟弟万古蟾、三弟万超尘、四弟万涤寰也先后加入商务印刷馆的美术部门，四兄弟通力合作，共同创作了中国历史上的第一批动画影片。万籁鸣回忆其"青年时代在商务工作的十四年，在业务上受到培养、锻炼，政治上受到启迪、教育，商务无疑是我们兄弟几个从事美术电影事业的摇篮。"[②]

此外，商务印书馆在总务处之外，又分设印刷所、编译所和发行所，负责印刷制作、书刊编辑翻译、图书发行运营等各项工作。编译所的出版部下设广告股，编辑所事务部下面设有图画股、图版股和美术股，以图画股的人数最多，许敦谷等人当时都在该部门工作，而黄宾虹则在美术股工作。当时印刷所仍设有图画部，发行所则设有商务广告公司，后来创办上海四大广告公司之一的华商广告公司的林振彬便曾在商务广告公司工作，并兼任事务部的部长和通

① 金雪尘，1903年生于上海嘉定，擅长画风景。

② 万簌鸣．耄耋之年话商务//高崧．商务印书馆九十年：我和商务印书馆．上海：商务印书馆，1987. 万籁鸣从1919年考入商务印书馆，一直在该机构工作，辗转去过多个部门，直至1932年离开。

讯现购处的负责人[①]。商务广告公司承包了上海铁路局的广告业务，这些业务资源与经验是林振彬后来自办广告公司的重要积累。

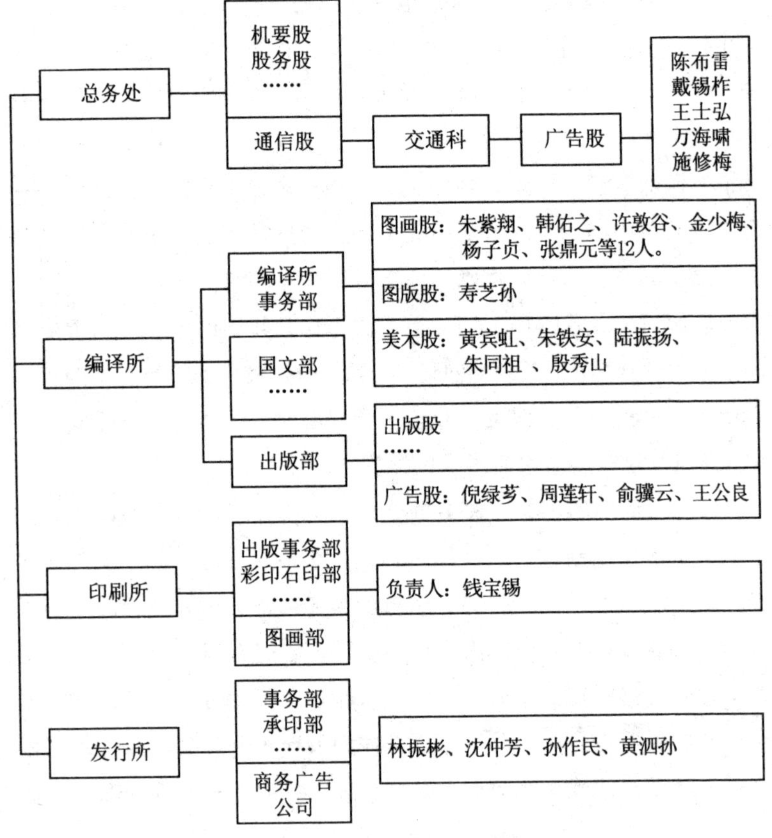

图 2-1　商务印书馆机构设置（1923 年）（笔者根据《商务印书馆总公司同人录》绘制，商务印书馆编，1923 年）

① 商务印书馆．商务印书馆总公司同人录 .1923.1.［2014-01-25］. http://www.booyee.com.cn/bbs/thread.jsp?threadid=133087.

先后在商务印书成长与工作的美术设计从业者数不胜数，后来在联合广告公司任职的蔡振华，他曾在商务印书馆从事橱窗设计与布置工作；著名画家徐悲鸿、创办《良友》杂志的伍联德等人也曾在商务印书馆任职……可以看到，商务印书馆中需要商业合作的各分支机构与部门都不惜耗时费力去培养与招揽商业美术人才，在印刷、广告等专业技能的培养过程中也加入了美术培训内容，在业界享有"上海商业美术人才摇篮"的美誉，成为中国本土设计体制的创立者。

2.1.1.2 行业领先的印刷技术

商务印书馆最早由印刷起家，该机构在从印刷业务向文化出版事业转型的过程中，仍然重视采用先进印刷技术，强调"印刷业之发达，与文化有密切关系。"[①] 商务印书馆多次派人到欧美和日本考察印刷技术，重金聘请国外专业印刷技师，并且有计划地培养本土印刷专业人才。1908 年，该机构在上海率先引进了铝版印刷机，聘用日本人木村今朝南为专业技师。1915 年，商务印书馆引进海立司胶版印刷机，并且聘请美国人魏拔为技术指导。1919 年，商务印书馆引进照相平版技术，聘请美籍印刷技师海林格作为技术指导，并在印刷所中挑选 8 个具备较好绘画基础的练习生，开班传授照相平版印刷技术，课程大概维持了一年，给这些学员打下印刷专业技术的良好基础，其中以糜文溶和柳溥庆成绩最为优秀，结业后成为印刷所影印部部长和副部长，负责照相平版印刷的相关业务，两人后来都成为中国现代印刷史上贡献卓越的印刷专家。

1929 年商务印书馆自编的《商务印书馆志略》中展示了各印刷

---

① 商务印书馆志略 . 上海：商务印书馆，1929.

图 2-2　欧先生海林格来华传艺与商务印书馆同人毕业合影，1921 年，柳百琪珍藏

车间场景，当时该机构配备的印刷器械先进齐全，如单色石印、五彩石印、铅印、珂罗版、三色铜版、雕刻铜版、照相锌版、凹凸版等各式印刷机器，宽敞的印刷车间中有条不紊地排列各式印刷器械，服务于不同类型的印刷出版需求。

直到国难当头——1932 年“一·二八”事变突发，日军为转移东北伪满洲国的注意，轰炸上海集中于闸北一带的印刷出版机构。商务印书馆是其主要目标，四个印刷厂、东方图书馆、编译所等重要部门都被日军投掷的燃烧弹烧毁殆尽，损失惨重，歇业整顿。经过半年修整，王云五主持商务印书馆重新营业，在组织架构上有较大调整。1934 年，整顿后的商务印书馆成立总管理处，其下设有秘书处、生产部、营业部、供应部、主计部、审核部、人事委员会、清理旧厂委员会等机构。营业部推广科下设调查股、宣传股和设计股，编译所被撤销，在生产部下设编审委员会与出版科，由生产部统管上海、北京和香港等地的印刷厂[①]，可见商务印书馆的文化出版力量与印刷生产能力在短时间内又重新积聚并运作起来。根据1939年出版的《上海产业与上海职工》[②]一书中的数据统计，当时上海的印刷工人共有一万二三千人，其中商务印书馆有三千多人，约占从业总人数的四分之一，商务印书馆一直是上海出版与印刷业界的龙头企业。印刷技术的领先给设计提供必要的技术支持与保障，商务印书馆繁盛的文化出版与商业美术业务也得益于印刷技术的支撑而顺利开展。

2.1.1.3 与设计师合作的书籍设计

商务印书馆在图书编辑与印刷方面处于行业领先地位，保证图书出版的质量，注重人才和技术的引进，馆内设立的相关美术部门为图书出版和商业美术业务提供了必要的人员支持，培养了一批服务于上海各产业领域的商业美术人才。商务出版的图书大部分由馆内美术人员完成封面和插图设计，如许敦谷、韩佑之等人便服务于编辑所事务部下设的图画股与美术股，万籁鸣也曾为商务印书馆出版的《儿童世界》等儿童刊物画插图与封面画。该机构还与知名画家、设计师合作完成部分图书设计，在文化界广受好评，形成良好社会声誉。

商务印书馆于1904年出版的《东方杂志》是中国第一本洋装杂志，是民国时期影响最大、最重要、持续出版时间最长（1948年停

① 根据《商务印书馆同人服务待遇规则汇编》（1934年5月）一书所附"总管理处组织系统表处"整理出相关机构的层级设置，上海档案馆档案，Y8-1-59。

② 上海出版志．[2013-12-05].http://www.shtong.gov.cn/node2/node2245/node4521/node29400/node29557/node63905/userobject1ai14776.html.

刊）的综合型文化刊物。胡愈之担任主编时，邀请从日本专修图案归来的陈之佛从1925年第22卷起开始为《东方杂志》设计封面，一直到1930年第27卷。《东方杂志》还于1930年1月出版了《中国美术专号》，也由陈之佛设计封面。在此期间，陈之佛从1927年开始设计商务印书馆出版的文学刊物《小说月报》的封面，还为商务印书馆的文学丛书设计封面。这些书刊的封面设计既体现应用传统民族文化元素的中国风格，又具备现代设计的简洁与结构感。

除此之外，钱君匋、莫志恒等人也都为商务印书馆的图书设计过封面。与重在宣传推销的商业美术相比，书籍设计是一片更为理想化的设计试验田，设计师有更多施展自身的艺术理想与抱负的空间，与西方设计思潮有更多的共鸣、交流与对话，体现了中国现代设计的精神追求。出版局面繁盛，封面、插图、版面编排等需要商业美术人才，杂志、画报等大众文化读物盛行，书籍设计成为平面设计的先锋阵地。

商务印书馆与外国传教士在中国设立的文化机构之间也有直接的关联，商务印书馆几位创始人最早所受的印刷教育与专业训练可追溯到美国长老会主办的清心书院，而追溯图画部的主持人徐咏青的美术渊源，则将我们的目光牵引到上海现代设计的另一个不可忽略的“原点”，那便是最早将西洋绘画与工艺传入上海的土山湾孤儿工艺院。

2.1.2 土山湾孤儿工艺院：宗教传播中的现代设计“原点”

自1843年上海开埠通商之后，西方宗教事业将其作为宗教传播的重要据点，上海的徐家汇自1847年之后成为中国耶稣会总部所在地，孤儿院几经搬迁终于在土山湾落定，工艺院则起源于1852年由范廷佐修士创办的美术学校，张弘星认为这是中国近代第一所美术学校，比周湘后来创办的学校要早得多。范廷佐 1856 年逝世后，由其学生陆伯都接任教学管理工作。学校于 1864 年并入土山湾孤儿院，1870 年陆修士和他的学生刘德斋把工艺工场迁进土山湾[①]，土山湾孤儿工艺院的形制与规模日渐完善，20 世纪初形成慈云小学和印刷部、发行部、木器部、图画部、铜器部五大工场。

孤儿经过初小和高小共六年基础教育，两年半工半读的工艺训

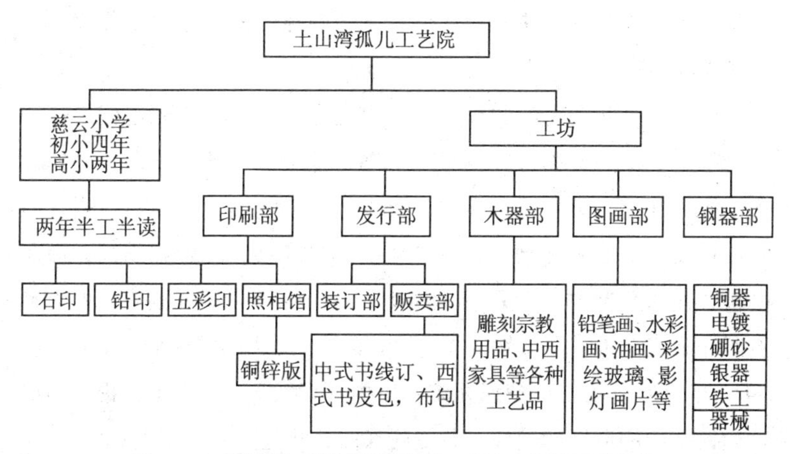

图 2-3 土山湾孤儿工艺院组织架构（1945 年）土山湾博物馆提供

练之后，根据个人资质进入不同的工艺工场学习专门技艺。徐悲鸿对土山湾的评价极高，视其为"中国西洋画之摇篮"，事实上，土山湾不仅是西洋美术教育在中国传播的起点，也是西方现代印刷技术和工艺美术进入中国的最初推手，在宗教传播中萌生了中国现代设计最初的自觉，是追溯中国现代设计源头时绕不过的重要机构，

① 张弘星．中国最早的西洋美术摇篮：上海土山湾孤儿工艺院的艺术事业 // 黄树林．重拾历史碎片：土山湾研究资料粹编．北京：中国戏剧出版社，2010：261.

成为中国现代设计在某种意义上的“原点”，最早在上海从事商业美术的一批人通过土山湾习得技艺，吸附社会能量各自创立设计机构，形成了中国现代设计的早期生态。

2.1.2.1　初始状态：设计教育与设计实务的紧密关联

从土山湾孤儿工艺院所设各个工艺工场的器械配备与技艺传承中，可以看到现代设计传入中国的启蒙状态，工艺院在某种意义上具备了现代设计的基本门类，以在生产制作的实践过程中传授工艺与知识为设计教育方式。

土山湾孤儿工艺院的印刷部是上海率先引进西方先进印刷技术的机构之一。1870 年前后印刷部添置了中西文印刷所的活字印刷设备，提高文字印刷的业务能力。继墨海书局之后，土山湾也引入石版印刷机，光绪初年便有以木料制成的石印架，“形如旧式凹版印刷机，用人力攀转，印刷异常费力。”[①] 后期采用机械动力的大型石版印刷机，提高了效率。据 1909 年来华的法国耶稣会士史式徽在 1914 年出版的《土山湾孤儿院：历史与现状》[②] 一文中，提及当时“中西文印刷所”的规模：各不同部门总共有 110 名工人和 40 名学徒，“在车间里有 2 台马里诺尼（Marinoni）彩色石印机、4 台大型凸版印刷机、2 台脚踏架，可以同时容纳 30 名工人同时做印刷工作；而一般在一个车间里有不少于 14 到 20 个工人操作机器。中文的字模是在上海本地制作的，而西文的字模是进口的。”除此之外，“照相工场”有“3 个工人和 5 个学徒，”并且引进了“照相珂罗版技术”。

---

① 贺圣鼐，赖彦于 . 近代印刷术 . 上海：商务印书馆，1933：22.

② 史式徽 . 土山湾孤儿院：历史与现状 // 黄树林 . 重拾历史碎片：土山湾研究资料粹编 . 北京：中国戏剧出版社，2010：178.

尽管土山湾印刷出版的多为宗教宣传品，部分为科学著作，但以土山湾为首的一批外国传教机构所引进的西方印刷技术迅速影响刷新了上海印刷业的面貌，从宗教传播延展到更为广泛的文化领域，并在印刷技术层面上对商业美术设计起了重要的影响。

木器部在1914年时，设有细木工场和雕花车间，共有172名工人和92名学徒[①]，雕刻圣像、圣器等宗教工艺品，另外也开始为定居上海的外国人制造家具和工艺品，木器部制作的建筑模型、中国木塔和中式牌楼多次参加世博会并获奖。铜器部当时称为"五金工场"，设有冶炼车间、铸铁工场等，有铜器、电镀、翻砂、银器、铁工、器械等细分工艺门类。除此之外，当时的工艺院还设有中西鞋作车间。图画部在1914年分为素描、油画和彩绘玻璃等不同的工场，共有13个工人和13个学徒[②]，后期又增设了彩绘、影灯画片等新兴制作门类，以彩绘玻璃的业务最为兴盛。尽管孤儿工艺院最初以宗教事业的需要为基础来设立各工场的制作门类和规模，但随着土山湾的影响力与生产能力的扩大，这些业务也逐渐服务于人们的世俗生活，为上海的外国居民提供饮食起居所需的餐具、家具、装饰品等日常设备与器具。美术服务于宗教，并逐渐与世俗生活的实用功能相结合，艺术与设计之间暧昧不清地纽结在一起，设计尚未形成明确的学科分野，而设计教育与设计生产制作之间也形成了紧密的联系。

2.1.2.2 土山湾的上海商业美术人才传承

土山湾的图画部是西方现代美术教育在上海传播的源头。孙浩

---

① 史式徽 . 土山湾孤儿院：历史与现状 // 黄树林 . 重拾历史碎片：土山湾研究资料粹编 . 北京：中国戏剧出版社，2010：175.

② 史式徽 . 土山湾孤儿院：历史与现状 // 黄树林 . 重拾历史碎片：土山湾研究资料粹编 . 北京：中国戏剧出版社，2010：181.

宁在《新中国体制下的“人民美术”出版研究——以上海人民美术出版社（1952—1966）为例》[①] 一文中将上海私人画室的渊源追溯到范廷佐创办于 1851 年的土山湾画馆，并从中国画的教育与传承、西洋画的传承与商业美术的传承三方面研究土山湾在中国近代美术教育与创作中的地位与影响，认为其“确立了上海早期私人画室以及私人办学的教学模式和传统”。

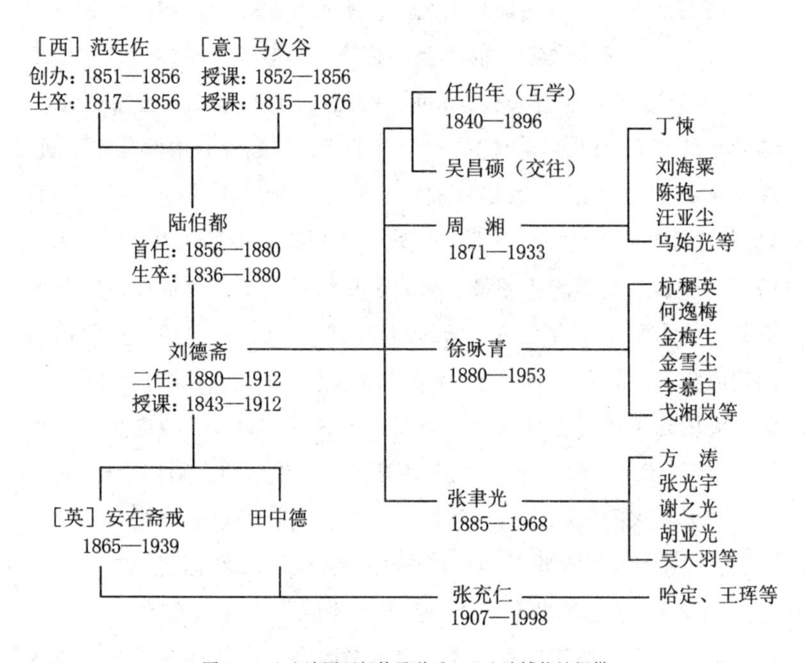

图 2-4　土山湾图画部传承谱系，土山湾博物馆提供

① 孙浩宁．新中国体制下的“人民美术”出版研究：以上海人民美术出版社（1952—1966）为例．北京：中央美术学院，2013.

通过土山湾画馆的人物师承关系，可以了解到上海最早的商业美术人才也从土山湾开枝散叶。徐悲鸿在《中国新艺术运动回顾与前瞻》一文中提及："天主教之入中国，上海徐家汇亦其根据地之一，中西文化之沟通，该处有极珍贵之贡献。土山湾亦有习画之所，盖中国西画之摇篮也，其中陶冶出之人物：如周湘，乃上海最早设立美术学校之人；张聿光、徐咏青，诸先生具有名于社会。"[①]除了徐咏青被确证曾在土山湾孤儿工艺院学习，目前学界并没有周湘、张聿光等人在土山湾工艺院学习的确证材料，还有学者对周湘是否传承土山湾的西洋画教育体系提出质疑[②]，但从徐悲鸿的论述中仍可感受到土山湾孤儿工艺院对20世纪初上海美术界人士产生了陶冶和影响，开启了上海美术教育机构和商业美术机构的早期活动。

周湘作为最早在中国创办美术机构传习西洋美术的中国人，在上海的美术活动极为活跃，于1908年在上海兴办"布景画传习所"，以"水彩画照相背景为主要学习内容，学生30余人。"丁悚、刘海粟、陈抱一、汪亚尘、乌始光、张聿光、张眉孙等人便是早期的学生，"1910年又在上海旧八区褚家桥开办了中西

图2–5 土山湾画馆刘德斋和画馆新老学生合影，1912年，后排右一为徐咏青。（照片载于《上海美术志》，徐昌酩主编，2004年12月第1版）

① 徐悲鸿．中国新艺术运动回顾与前瞻．社会教育季刊，1943，1(2)：32–35.

② 马琳．周湘与上海早期美术教育．南京：南京师范大学，2006.

图画函授学堂，学生逾千人。”[①]周湘还创办了“上海油画院”（1911 年）、“中华美术专门学校”（1918 年）等机构，培养近代美术人才。

徐咏青 9 岁时进入土山湾孤儿工艺院，在土山湾画馆跟随刘德斋学画，成为刘德斋的得意门生。16 岁满师后进入土山湾印书馆工作，1913 年担任商务印书馆图画部主任并主持工作，使商务印书馆成为 20 世纪初期培养中国本土商业美术人才的大本营。何逸梅、杭穉英、金雪尘、金梅生、戈湘兰、柳溥庆等人在商务印书馆图画部当学徒时，皆曾师从徐咏青学画[②]。在桃李芳菲的同时，徐咏青自身也由于水彩画绘制技术的精湛而被誉为“中国水彩画第一人”。徐咏青画风景来配合郑曼陀画的人物，开启了月份牌创作的新兴合作形式。此外，他和周湘、张聿光、丁悚等人合办“加西法画室”以推广西洋绘画理论和技法，后期又创办“水彩画馆”并在《申报》登招生广告，还曾在上海美专任教[③]。根据林家治的研究，杭穉英不仅受过徐咏青的指导，在刚刚创立画室时，为了提高自身绘画技巧，还专门去土山湾进行 3 个月的短期学习，由刘德斋教授其西画技法[④]。土山湾的西画经验由刘德斋、徐咏青等人在上海传授开来，西画风格也经由商业美术传播而更易为社会所接受。

张聿光则是在上海这个西洋画片资料较易接触的环境中自学成才。受徐咏青的水彩画创作所影响，他于 1904 年在上海华美药房画

---

① 袁振藻．上海早期水彩画以及与商业结合 // 黄树林．重拾历史碎片：土山湾研究资料粹编．北京：中国戏剧出版社，2010：250.

② 徐昌酩．上海美术志．上海：上海书画出版社，2004：406.

③ 袁振藻．上海早期水彩画以及与商业结合 // 黄树林．重拾历史碎片：土山湾研究资料粹编．北京：中国戏剧出版社，2010：248.

④ 林家治．民国商业美术主帅杭穉英．石家庄：河北教育出版社，2012：55.

照相布景，后于"新舞台"担任布景设计主任，是最早在中国探索舞台美术的画家之一，1914 年担任上海图画美术学院（上海美专的前身）的院长[①]。谢之光、张光宇、胡亚光、方涛、吴大羽、赵吉光等人都曾跟随张聿光学画，这一批学生也都在月份牌、黑白广告画、漫画等领域各有建树。

西方传入的绘画观念、美术教育机构的组织方式、创作方式、印刷技术、工艺美术制作方法为中国现代设计的产生作了重要铺垫。土山湾孤儿工艺院体现了在西方传教士主导下，印刷、绘画、工艺等现代美术和设计观念逐渐被中国人接受的过程。商业美术作为中国早期的现代设计形式，促进了西洋美术与中国传统美术之间的交流、借鉴与融合，在这个被动接受与主动转化的过程中，产生了与中国本土文化环境相适应的设计组织方式、运营程序、师承方式与创作方式。

中国现代设计体制的早期发展与产业经济的发展模式有许多共通之处。设计机构从架构设置、运营方式、成果面貌等各方各面均从模仿西方设计体制开始，又渐渐摸索走出具有中国本土特色的新路。土山湾、商务印书馆等宗教与文化机构在中西美术交流与人才培养等活动中，形成现代设计发展的文化环境。从这些机构中培养出来的人才，形成了一个个设计生长的基点，这些基点再从产业发展与商业促进的社会环境中吸取能量，形成零散的、小规模的设计组织与运营模式，并逐渐转变为成熟的、专业分工明确的设计运作模式，在无形之中接续起现代设计发展的链条。

---

① 徐昌酩．上海美术志．上海：上海书画出版社，2004：413.

2.2　穉英画室与广生行：中国产业环境中的设计嵌入

2.2.1　穉英画室：上海工商业界的宠儿

1921年，杭穉英离开商务印书馆后，开始以个人身份承接社会上的商业美术业务，并于1921年至1922年间创办画室。凭借他在商务印书馆工作期间积累的业务人脉、自身美术功底和运营能力，画室业务日渐繁盛。

这一切既与上海商业的发达密切相关，也与中国民族工商业的发展紧密相连。穉英画室业务最为忙碌时每年创作80余幅月份牌年画，现在各地以“穉英”署名流传的月份牌共有1600多种，许多著名品牌的商标和包装也出自穉英画室，如“双妹牌”花露水、“杏花楼”月饼、“阴丹士林”布、“白猫”花布等。正是画室家庭式的团队协作机制，使穉英画室在20世纪初雄踞上海月份牌创作“半壁江山”的地位，可谓上海工商业界的宠儿。

2.2.1.1　画室规模与团队协作

杭穉英最早的画室设在虹口区鼎元里弄堂口，二室一厅的房子最外间为会客室，外间为绘画办公的空间，最里间为寝室[①]。后来，杭穉英成家立业，画室随着人员规模与家庭人口的扩充而几次动迁，但都采取居室与画室结合的模式。这种情况在当时上海的实业界与商业美术界极为普遍，自给自足、自由经营的小型创作、生产与制作机构，最初大都在居住空间中辟出一部分用于工作运营，经营者的生活与工作都在相近空间之中发生。1930年代顾植民创办的化妆

---

① 林家治．民国商业美术主帅杭穉英．石家庄：河北教育出版社，2012：54.

品厂和柳溥庆创办的华东照相印刷所，均是与穉英画室相似的家庭式作坊。据柳溥庆的女儿柳伦回忆，当时上海街区中这种家庭式作坊随处可见，然而，像印刷器械这类作坊工作时机械声响很大，给周围居民带来不小的困扰。

这一时期，杭穉英的独立设计事务刚刚起步，他曾在一家广告公司任过职，为《社会之花》杂志绘制封面画，承接各式美术画件。由于月份牌画幅较大、费工耗时，业务量的增加使杭穉英难以独力应对，于是在1925年邀请他在商务印书馆的同学金雪尘加入画室，承诺先发放三倍于商务印书馆的工资，此外再逐年加薪①。金雪尘曾以"绘人友"第一名考入图画部，跟随何逸梅画水彩风景，功底深厚。他的加入分担了杭穉英的工作，为杭所画的人物配绘水彩画背景，使画室如虎添翼。

由于农村经济凋敝，不少海宁老乡也来上海投靠杭家。杭穉英在这些亲朋同乡中挑选有美术兴趣与资质的后生作为学员，培训后让其加入画室。五年之间，画室渐渐形成了分工合作、流转有序的专业创作团队。

画室采用"供给制"，这是家族式经营的独立设计机构的一个特点，为这些学员提供食宿和学习材料，不收取学费，教授绘画技巧，根据各人资质与学龄，从学徒逐步过渡到业务工作，学成留在画室工作，有收益了再按劳分配②。随着画室业务扩大和人员增多，鼎元里的居所显得十分拥挤，画室于是搬到上海闸北区山西北路海宁路

---

① 林家治．民国商业美术主帅杭穉英．石家庄：河北教育出版社，2012：63.

② 杭鸣时．装潢艺术家杭穉英 // 装潢艺术家杭穉英 1901—1947. 海宁：海宁市政协文史资料委员会，2002：3.

图 2-6 穉英画室成员 1930 年代于浙江海宁合影，杭鸣时提供

口靠近苏州河的一座大院内。该处原为江、浙、皖三省丝茧公所，是一座由中式三进房屋和西式花园洋房组成的公馆式房子。杭家最多曾容纳四十余人饮食起居，花园洋房为日常生活的居住之用，中式的三进房屋则为画室工作之用，这在当时的画室中可称得上大规模和气派了[①]。

画室到 1930 年左右形成了稳定的结构与规模。先后有二十几人在画室学画，大部分为海宁老乡。画室的主要画家为杭穉英、金雪尘和李慕白，固定的辅助人员有十余位，宋允中、李仲青、吴哲夫、胡信孚、汤时芳、善缘禄、张宇清、王维德、孟慕颐和杨万里[②]。通过杭鸣时、王坚白、杭济时、金聘珍等老先生的回忆，这一批人的形象逐渐丰满起来。

金雪尘擅长国画、书法与水彩画，国文很好。他的水彩风景画起稿起得简单，胸有成竹，一气呵成。他加入画室后不画人物而为杭穉英的人物配绘水彩背景，有效提高了创作效率。

杭穉英妻子王罗绥的大弟弟王坚白在华商印刷公司当会计，另外两个弟弟王文彦与王祥文都跟杭穉英学过画。王文彦学成之后在画室待了一段时间，后来到当时著名的荣昌祥路牌广告公司工作。

---

① 装潢艺术家杭穉英 1901—1947. 海宁：海宁市政协文史资料委员会，2002：4.

② 乔监松 . 穉英画室研究 . 杭州：浙江理工大学，2010：24.

王祥文先是在英美烟草公司工作，后来杭穉英成为三一印刷公司股东后，王祥文便被派到三一印刷公司工作，并跟随柳溥庆学印刷技术，后来负责修版工作，新中国成立后在北京五四一印刷厂印制人民币。杭穉英的弟弟杭少英则喜欢摄影。

画室培养的同乡以 1928 年从海宁盐官来上海投奔杭家的老乡李慕白[①]为佼佼者。他加入画室时才 16 岁，资质聪慧且勤恳好学，在练基本功的同时偷偷学画擦笔人像，杭穉英知道后加以指点，形成了擦笔人物画的绘制专长。李慕白的加盟形成杭、金、李三人核心创作团队。杭穉英介绍妻子王罗绥的妹妹王蕴绥嫁给了李慕白，家族联姻的力量也使画室的人员构成更稳定。

穉英画室在月份牌创作上有一班专门人马。杭穉英为总策划，承接业务并起草画稿。李慕白画人物，对人物的脸部、头发等位置进行精细刻画。李慕白起稿的特点是要先后上四层颜色，先用毛笔擦出主体人物的眼睛并勾勒出衣服的形态，人物大致完成之后，再交给金雪尘画背景。金雪尘紧接着绘制各式室内与室外背景和人物的服装修饰，再由杭穉英最后作整体调整，完成画面的统筹和润色。《霸王别姬》的原作便由杭穉英起稿构思，再由李、金二人在对开大的纸上细密刻画，最后交由杭穉英整体修改润色，杭鸣时亲眼看着三人分工合作，用一个星期完成这张画稿。

尽管这些大幅月份牌是由画室的核心团队与辅助团队共同完成的，但是在署名上则大多为"穉英"。署名本身成为"穉英画室"的品牌标志，凭借创作的上乘质量，画室本身形成品牌效应。月份牌作为商品销售的辅助物，它本身也具有商品的特性，"署名"是

---

① 李慕白，1913 年生，浙江海宁人，1928 年来上海随杭穉英画画，擅长人物画。

对其稳定的创作质量的保证与承诺，体现了商品经济繁荣的社会环境中，设计也成为成熟运营的商业行为的一部分。

画室中另有一班人马专门负责画小商标，由宋允中[①]、李仲青、王文彦三人分工合作。宋允中负责绘制礼券，李仲青对人物和风景都不擅长，但却精于绘制花边和商标，杭穉英便发挥其专长为月份牌绘制必要配饰。

杭穉英善于让学员发挥自己的特长，画室也由于学员之间明确的分工形成了有序有效的工作流程。一般学员在学徒阶段先临摹花边轮廓，学画素描基础。画室内布置了石膏像，杭穉英自己带头画石膏素描，一方面提高自己，一方面带动学员的积极性。另一方面，杭穉英一直为自己未进专业美术院校学习而遗憾，打破门户之见鼓励优秀学员去上海其他知名画室学画，并为之支付学费。孟慕颐去张充仁的“充仁画室”学画，李慕白去陈秋草的“白鹅画室”学画，两人精进了画艺，回来更好地服务于画室。

画室并没有严格的上下班时间，而是根据业务作灵活调整，并开拓了丰富的业余生活，如听戏、体育活动、外出游玩等。家庭作坊的运作形式也使画室成员与杭穉英之间感情浓厚。没有父亲的张宇清是画室中唯一的女学生，杭穉英待她情同父女。张宇清与杨石郎结婚时，杭穉英在婚礼上以父亲的角色挽着张宇清走到新郎身边，为了在婚礼上踩对步点，杭穉英跟张宇清一遍遍地练习，至为感人。胡信孚是画室中比较散漫的一个学员，常常坐不住，人又颇有才气，手脚麻利，有时还写写打油诗。他跟上海三教九流都有来往，杭穉

---

① 宋允中是一个善良虔诚的佛教徒，不吃荤，光吃素，连蚊子都不忍打死，却还不到三十岁便去世了。

英也经常批评他，后来加入帮派，死在监狱里，结局颇为惨淡，画室成员的遭遇也成为社会的缩影。

父亲杭卓英管理画室的进账与财务，业务单、发票等都需经其手。如果说杭穉英是"穉英画室"的灵魂人物，那么杭卓英其实是杭氏大家庭的"老总管"，两房媳妇都归他管教。杭穉英妻子王罗绥主要负责画室的后勤管理。两代人之间的碰撞非常有趣，杭卓英完全是一个崇尚中国古典文化的传统文人，而杭穉英却是当时引领时尚潮流的领军人物，这个家庭既是一个引领当时上海摩登的家庭，又是一个护卫中国传统文化的家庭。传统与现代的矛盾在一个多世纪以来一直交织在一起，从这一家族式企业中折射出上海兼容并包的城市文化特征。

2.2.1.2 技法创新与印刷合作

杭穉英在组织高效协作团队的同时，在绘画技法上也力求创新。早在杭穉英在商务印书馆门市部服务期间，18 岁的杭穉英已经能够独力完成整幅的月份牌创作。当时上海最知名的月份牌画家为郑曼陀，他将炭精擦笔肖像画与水彩画结合起来，形成了独创的擦笔水彩技法。他所创作的月份牌中的仕女形象，身处风景秀丽的郊外抑或环境舒适的室内，身着文明新装且略微带有学生气，这样一种带有浓郁传统气息的女性形象在上海风靡一时。郑曼陀也接受商务印书馆的委托绘制月份牌，杭穉英的早期风格受到郑曼陀很大影响，他和商务印书馆的同事金梅生共同琢磨郑曼陀秘不示人的擦笔水彩画法，并改进郑曼陀画面"黑气"较重的弊病。除了在郑曼陀的擦笔水彩画法上加以改进，中国传统木版年画在色彩上的强烈对比也给杭穉英很大启发。另外，当时美国迪士尼公司在中国热映的卡通电影让杭穉英印象深刻，也影响其在月份牌创作上运用鲜艳的色彩。

杭穉英在开办画室接受商业订件的过程中渐渐形成了自己的独特风格。他创作的月份牌表现了更为摩登自信的职业女性形象，背景则展现了上海日新月异的现代都市景观，甚至在某种意义上塑造了1920年代以来上海月份牌绘画的审美趋向。

杭穉英在创作与日常生活中注重素材和资料的积累，在画室内部专门设有资料室，订阅了美国杂志 *LIFE*、*Esquires* 等。如《摩托女郎》的月份牌便是将外国杂志里西洋美女的形象改绘成中国模样的摩登女郎。

杭穉英在绘画工具的选取上也颇费心思，采用刮刀、喷笔等辅助工具。喷笔是当时照相馆常用的工具，杭穉英将喷笔应用到月份牌的绘制中，作为辅助工具来处理柔和的色彩过渡。他也重视工具材料的采买：画纸选用挪威产的大卷卡纸，时称“码头纸”，质地细密结实，最适合擦笔画法；颜料则专门购买美国16色盒装水彩颜料，色彩透明鲜亮，有利于表现各式人物景致。画室向客户提交设计画稿的方式极认真考究，月份牌一般镶框配玻璃装裱，小商标与包装设计则衬黑纸和玻璃纸再压上画室钢印，客户对这样专业而敬业的做法赞赏有加。

上海彩色印刷业的发达为月份牌画提供充分技术支撑，杭穉英与当时上海的三一、大业、徐胜记、生生美术等知名印刷厂商都有合作，形成从创意构思、创作绘稿、修版制作到印刷生产的“一条龙服务”完整流程[①]。月份牌画稿一般经过多色套印完成，开始印刷前有分色制版、修版的工序，当时得由专业工人手工制版与修版，所花时间甚至比画稿制作花得更长，制版修版费用也比画稿费用更

---

① 装潢艺术家杭穉英1901—1947. 海宁：海宁市政协文史资料委员会，2002：13.

高。为了赶时间，画稿常常被分成多个版块由多个工人共同修版，修完再拼接成完整画面进行印刷，这也是月份牌原稿传世较少的缘由。在商务印书馆的工作经验使杭穉英熟悉印刷技术，加工画稿细节时便考虑到印刷效果，使其画稿便于制版分色，制版界都愿意与他合作，形成良好合作关系。来不及修缮画稿时，杭穉英便跟制版工人交代清楚。据杭鸣时回忆，有时修好版后印出的月份牌甚至比原稿还精美，这也充分体现出设计创作与设计制作之间的默契程度。

穉英画室由于创作的月份牌画面内容新颖，吸引大众眼光且为商家增加销售量，并且画室信誉很好，交稿时间和质量都很有保障，赢得了广泛的客户群体。穉英画室服务的众多客户中，以烟草公司最多，英美烟草公司、南洋兄弟烟草公司等互为竞争对手的公司都是画室客户，"双妹"化妆品和"林文烟"花露水等竞争激烈的日化品牌也都请画室为其设计月份牌。除了上海本地，外地客户也慕名而来，以河南郑州的烟草厂商居多。由于香烟牌子频频更换，于是需要大量画稿。正是产业的繁荣、西洋厂商与民族工商业之间的商战促成了商业美术欣欣向荣的局面。当企业本身无法承担产品基本生产之外的设计与推广活动时，便会借助社会上的商业美术力量来完成各项设计工作，促成了上海商业美术设计的繁荣。

画室根据画幅大小来商定月份牌画稿的酬金，从 300 银圆到 800 银圆不等，每年还承接一两百幅商品包装设计，画室每月收入大约可购入一辆小轿车[①]。而据金雪尘女儿金聘珍回忆，当时金家住复兴中路三层的新式楼房，金雪尘夫妇育有十个孩子，金夫人身体不好，雇两个保姆烧饭洗衣，所有开支全靠金雪尘一人的收入，可

① 林家治．民国商业美术史．上海：上海人民美术出版社，2008：109.

见在1937年抗战全面爆发以前，金雪尘收入也很丰厚。

2.2.1.3 国家、民族危难中的人间情义

1937年日本全面侵华对中国工商业界造成了巨大打击，与工商业发展密切关联的商业美术行业随之受到影响，业务急剧减损。杭家为了抗战避难的安全，从苏州河边搬至霞飞路和合坊17、18号，租两幢房子作为画室和家属住处[①]。

杭家由于投奔的亲友较多，抗战期间负担较重。但杭穉英并不因生计而失去中国人的气节，他因拒绝为上海青帮老大黄金荣画头像而不得不外出避祸，又因为拒绝为日本画广告宣传画而不得不称病停业。从1941年起，杭家靠向旧日朋友借债过日。杭穉英在这一时期拜国画家符铁年为师，创作国画收取一点微薄的润笔费，家里入不敷出。尽管自身艰难，他旧时在美术圈中便有"小孟尝君"的美称[②]，战争期间同行有难时他也慷慨相助。何逸梅从香港回到上海，杭穉英邀请他入伙画室，杭家从自家房屋分出空间让给何家人居住。战争期间货品短缺，杭穉英见到郑曼陀生计窘迫，向他赠送"码头纸"和"16号颜料"，画室里这些旧日存货在当时是极珍贵的。李慕白也一样仗义，后来金梅生因为年纪大手抖画不了月份牌画的细部，李慕白便协助他完成整幅画稿。

抗战胜利后，各行各业也迅速整顿复苏，民族企业的发展又经历了一个小高峰。重新开业的穉英画室商业订件开始增加，杭穉英带领画室同仁齐心协力，几乎是夜以继日地工作，希望尽早将抗战

---

① 丁浩.霞飞路和合坊两广告画家.[2013-12-20].http://zx. huang pu qu. sh. cn/hpzx / InfoDetail/ ? InfoID=fd5d06f4-1887-446e-8ec5-6e63d8c1e907&CategoryNum=024004003008.

② 杭鸣时.纪念杭穉英诞辰100周年.美术，2001（5）：52-53.

期间欠下的债务还清。当时李慕白甚至吃"疲倦丸"支撑自己完成高强度工作。此外，李慕白还在永安公司的新楼"七重天"根据客户提供的照片画粉画肖像和油画肖像，当时杭穉英夫人王罗绥的肖像画便被作为范例摆在一楼文房部招徕顾客。李慕白绘画速度极快，顾客多为美国人，收的是美金，最多一天能画八张肖像画，以此来增加收入。

经过两年多画室还清了债务，杭穉英带全家人去杭州游玩，回到上海后，由于之前的过度劳累未能及时减缓，于 1947 年 9 月 17 日突发脑出血，骤然去世。

"穉英画室"是在杭穉英去世后，由其父亲杭卓英正式题字命名的。正式命名的"穉英画室"实际上以金雪尘、李慕白两人的合作为支柱，画室存在的意义其实是为了将杭家尚且幼弱的下一代抚养成人。一直持续到长子杭鸣时、长女杭观华从学校毕业之后，"穉英画室"才解散。

2.2.1.4　穉英画室与上海工商业的设计委托

穉英画室承接了上海许多企业的月份牌广告、产品包装、商标画片等各式商业美术订件的设计与制作业务，许多知名产品的商标设计都出自穉英画室，如白猫花布、龙虎人丹、美丽牌香烟、冠生园食品、阴丹士林布等商标；画室为烟草公司设计的烟盒、烟听都精美细致，连烟丝都要专门刻画；杏花楼月饼的商标与包装也是穉英画室的经典设计。画室还设计了雪花膏、花露水等化妆品包装，如家庭工业社的"无敌牌"蝶霜乳白色的玻璃瓶、大陆药房的"三角牌"雅霜的瓶形与包装纸盒、明星香水肥皂厂的"明星"花露水等。除此之外，画室还为四大百货公司设计礼券，接过路牌广告的设计委托，承接了几乎所有商业美术门类的设计事项。

在这些客户中，香港广生行的“双妹牌”系列化妆品的品牌形象在上海深入人心。广生行是在香港创立并在上海、天津等国内大城市设有生产与分销机构的知名日化企业，穉英画室为其设计月份牌广告和包装，形成长期合作关系。

2.2.2 广生行与20世纪初的产业设计需求

从19世纪中叶延续至20世纪上半叶，在西方经济入侵与中国民族产业兴起的声势浩大的时代背景中，广生行是具有代表性的民族企业之一。

图2–7 冯福田肖像，载于《广益杂志》，1919年第6期

1898年，广东南海人冯福田[①]在香港创立了广生行。冯福田早年曾在洋行打工，他看到西洋化妆品在中国畅销的事实与商机，便钻研化妆品的配制方式，于1898年花2万银圆买下民房和设备，在香港创立广生行，生产“双

① 关于广生行创办人冯福田较为详细的简介见《港澳大百科全书》（港澳大百科全书编委会编，花城出版社，1993：515）：“广东南海人，1885年生，早年在广州经营化妆品，后到香港拓展，初任建德银行买办，后与友人合资于1905年创办广生行，1910年正式注册，任主席兼总办总理，资本约20万……”

妹唛"各式化妆品[①]。1909年，冯福田和友人梁应权、林寿庭等人出资20万银圆改组广生行，并更名为"广生行有限公司"。

改组后的广生行既有充足的资金投入生产，也有余力对产品进行包装设计与广告宣传，请当时在香港素有"月份牌王"之称的画家关蕙农为香港广生行设计月份牌广告画，与"林文烟""夏士莲"等资力雄厚的外商品牌产品展开竞争。关蕙农是关氏家族的后人，关氏先人在比上海更早便与国外通商交流的广东地区，创办了最早的外销画绘制机构"啉呱画室"。外销画的创作与商贸活动似乎是中国本土美术活动与商业活动结合的最早形式，是中国现代设计与商业形成关联的最早佐证。

2.2.2.1 商业的驱动力：外销画创作

广东是中国最早与海外通商的地区。由于历史原因，清代末年广州曾是南部中国与外国通商的唯一城市。1685年粤海关设立，次年，专门负责各国贸易与代理的十三行便在广州西关建立。然而，清政府对外国人在中国停留仍有严格规定和限制，清末的闭关锁国引发西方列强新一轮的侵略战争。

---

① 关于广生行的创始人和确切的创始时间，在不同的资料中有不同的记载，《上海轻工业志》中为华侨梁楠，左旭初先生的《著名企业家与名牌商标》（2008）也记为梁楠于1896年在香港创办香港广生行股份有限公司。而在《香港大辞典经济卷》中的"广生行"词条则记其创办于1905年，1910年正式注册，以"双妹唛"为注册商标。然而，笔者上海档案馆馆藏的档案和广生行发行的《广益杂志》上，只看到"冯福田""梁应权"等人的记录，并没有"梁楠"的记录。梁应权是与冯福田合资改组广生行的合伙人。而在广生行发行的"广生行有限公司总分行及制造厂全景"宣传图上，冯福田为"主席兼督办总理"，而梁应权为"正司理"，冯伟成是"督办总理"。而据沈剑勇在《广生行海上风雨录》（载于《上海滩》，2007年第9期）一文中说明，梁楠是从1935年接替林炜南担任上海广生行经理的梁灼兴的祖父，梁应权是梁灼兴的叔叔，那么梁楠应为梁应权的父亲。因此，本文综合分析这些资料，确认广生行的创办人应为冯福田。

在广州十三行地区，许多从事外销画创作的画室林立于熙熙攘攘的商业街头，其中最为著名的是靖远街上由关氏家族设立的“啉呱画室”“庭呱画室”[①]。这些外销画创作机构是西洋美术传入中国的重要渠道，雇佣画师结合中国传统绘画技法和西洋绘画和摄影手段，“分工绘制油画、临摹照片、专门制作销往外国的中国风景人物画。”[②]

外销画是美术和商业结合的早期形式之一。鸦片战争后，广州通商口岸的重要地位渐渐没落，香港被英国租借后，城市文明迅速繁荣，取代广州成为中国南部最为重要的通商城市，许多外销画家也转往香港谋生。位于长江三角洲的上海也迅速崛起为现代摩登的国际都会，广州、香港、澳门等地的外销画画室在一定程度上影响了上海商业美术机构。月份牌画家关蕙农便是从广州移居香港的关氏家族后人，外销画画室的创作风格、程序和技术影响了中国城市新兴商业文化的形成。

外销画的创作形式意味着美术从画家的自主创作偏向了商业喜好，形成画家接受客户订单要求随后分工合作批量生产的新形式。单个美术作品本身的创造性被稀释了，而这个时代的外销画创作成为一个整体现象，体现了特定历史时期的商业需求与大众审美。画家的美术创作行为由于商业的介入、市场需求的限制和有计划的分工合作，因而有了设计的意味。

---

① “啉呱画室”和“庭呱画室”的创始人的确切姓名生平仍有争议，据陈瑞林在《城市商业美术与广东绘画的现代转型》一文中提及，“啉呱（关作霖，一作关乔昌），其胞弟庭呱（关联昌，一作关廷高）”。

② 刘圣宜．试论近代岭南商品文化的特点 // 广东炎黄文化研究会．岭峤春秋：岭南文化论集（一）．北京：中国大百科全书出版社，1994：106.

2.2.2.2 "实业兴邦"的产业理想与实践

曾国藩在1862年便提出了"商战"的概念。继洋务运动之后，19世纪末20世纪初有识之士面对西洋货品在华垄断倾销导致中国利权外流的局面，主张发展中国的本土产业与西方竞争以实现国家富强。郑观应于1894年出版的《盛世危言》中进一步普及"商战论"，强调商业的重要性。1895年康有为在《公车上书》中提及："凡一统之世，必以农立国，可靖民心；并争之世，必以商立国，可牟敌利，易之则困敝矣。"[①] 他主张中国面临列强瓜分的危机，不宜走传统的"以农立国"道路，面对各式洋货充斥中国市场的危急局面，应采取"以商立国"策略。以张謇为首的实业家掀起新一轮"实业救国"热潮，得到大范围的社会响应。此起彼伏的"国货运动"的组织、宣传和相关实践，使中国民族工商业在帝国侵略的间歇中得以发展。

上海自1843年开埠通商以来，凭借其优越的地理位置与独特的历史背景迅速崛起为远东第一大城市。西方国家的工商企业开始在上海设厂投资，广州、澳门、香港等早先开放城市中的商业资本也往上海流动与转移，海外华侨，澳门、香港和广东、宁波商人纷纷在上海投资设厂兴办实业。

尽管口岸城市与广大乡村之间的联系仍然松散，中国幅员辽阔的广大农村地区仍处在传统社会结构的制约之中，但是，西洋商品已经从各个通商口岸流入中国各地。传统生活方式随着西方现代工业制品的倾销而发生急剧变化，夹杂着迷惑与好奇，中国人被动地

---

① 康有为．上清帝第二书（公车上书）//陈永正．康有为诗文选．广州：广东人民出版社，1983：436.

接受现代西方的生活方式。扬州谢馥春香铺、上海老妙香粉局[①]等传统手工作坊制作香粉、香油的概念，迅速被西方制法的雪花膏、花露水等产品所更新，如英国“夏士莲”的雪花膏、美国“林文烟”的花露水、肥皂、火柴……与西方商品一同进入中国的，还有西方的工商经营管理模式和广告宣传方式，连同新铺设的柏油路面、电灯、自来水管道等现代市政设施以及治理社会的行政管理系统的更新，构成了中国现代都市文明的雏形。早期中国现代设计的发生与发展，与新型都市文明紧密联系在一起。

第一次世界大战期间，耽于战事的欧洲各国暂时放松对中国的经济侵略，中国的民族工商业迎来一次短暂发展的“春天”。这一时期在中国崛起的民族企业和品牌数不胜数，如与英美烟草公司竞争的南洋兄弟烟草公司，与英国卜内门公司制碱工业竞争的永利制碱公司，与日本“仁丹”竞争的中国龙虎公司“人丹”产品……一批民族日化产业在与西洋倾销产品展开竞争的过程中脱颖而出，树立了自身品牌和产品信誉度。方液仙1912年创办的中国化学工业社，生产“三星牌”牙粉、牙膏；陈蝶仙1918年创办上海家庭工业社生产“无敌”牌牙粉等日化产品；顾植民创办的富贝康化妆品有限公司生产“百雀羚”牌化妆品与德国输入中国的“妮维雅”品牌对抗；项松茂于1922年斥巨资从德国厂商手中买进上海固本肥皂厂并改造成上海五洲固本皂药厂，生产五洲固本肥皂。除此之外，先施公司的牙膏、永安公司的肥皂等产品，也都赢得了极好的口碑。

---

① 清道光十年（1830年），谢宏业在扬州创办了谢馥春香铺，经营“五桶”牌香粉产品。咸丰年间，朱剑吾在上海创办老妙香粉局，生产“和合”香粉、香油等产品。（引自左旭初，著名企业名牌商标，2008.）

在诸多日化企业生产的品牌与产品之中，广生行的企业发展轨迹是中国民族工商业发展历程中的典型案例之一。1903 年，广生行为了扩展产品在中国大陆的销路，在上海成立发行所，华侨林炜南成为上海广生行的第一代经理，1910 年广生行在上海开设分工厂，成为中国日化行业中的元老级企业。广生行凭借优质产品和精妙的广告宣传迅速推广"双妹唛"品牌。1915 年产品线已拓展丰富，其中"双妹粉嫩膏"获美国旧金山巴拿马世博会金奖，巴黎时尚界用"vive"（极致）一词来肯定产品品质。国际获奖对于中国产品来说是破天荒的好消息，连时任南京临时政府副总统的黎元洪都极为激赏地为广生行题写"尽态极妍，材美工巧"的匾额予以褒奖，作为对"双妹"产品品质和产品设计的认可。

广生行"双妹牌"产品在上海的生产与营销策略是中国现代品牌策划与产品设计推广的一个典型事件，反映出 20 世纪早期中国设计体制的一些重要特征，体现了设计师、设计机构与企业合作的方式，也反映了设计在产业发展过程中所起的作用。

2.2.3 广生行的设计策略

在国货与洋货争夺市场的过程中，商业美术家为产品设计必要的商品包装和广告，零散分布于上海的商业美术机构在为产业商品提供设计服务的过程中促进了设计的发展，商业美术自身也形成一定的产业规模。中国最早的商业美术活动与产业的发展密切相关，中国近代设计体制正是在产业发展的过程中逐渐形成的。

广生行是在"林文烟"花露水、"夏士莲"雪花膏等产品畅销中国的刺激下产生的民族日化品牌，也是最早采用西方制法和技术的化妆品生产企业。与其他民族实业一样，广生行在仿效外国产品的同时，努力使自身产品赶超西方输入中国的产品。设计对广生行在激烈竞争的产业环境中生存所起的作用不容小觑，从广生行企业发展的过程中，可见现代设计如何介入产业发展与商业运营，企业如何与设计师、设计机构形成合作关系，折射出20世纪初中国现代设计体制的“吸附式”特征。

2.2.3.1 草创期——以产品设计为重的小型企业

中国的民族工商业受洋货流通的刺激而产生，在与洋商竞争的夹缝中成长。中国人兴办的化妆品企业从一开始就面临与西方倾销中国的同类产品竞争的严峻形势，资产雄厚的洋商洋行利用多种手段欺压中国新兴幼弱的民族产业。冯福田起初雇用货郎用沿街叫卖的方式向民众宣传销售广生行的产品，渐渐打开销路的“双妹”产品冲击了洋商的同类产品，英国老晋隆洋行便认定广生行花露水系仿造该行的“林文烟”花露水而将广生行告上法庭，官司打了一年多才平息，使冯福田难以再独力经营广生行。

广生行在创业初期采用沿街叫卖的宣传和售卖方式。当企业本身实力和规模相对弱小时，难以有足够精力与资金顾及产品的宣传与推广，在报章杂志上投放广告尚未能像洋行产品那样得心应手。草创期的广生行更注重产品本身的品质。化妆品行业颇为特殊，它既是日常生活中的常用品，又非必需品，而是偏好品，产品的美誉度和品质保证是化妆品品牌在市场流通的基本保障。因此，产品设计既要顾及宣传产品的实效功能，又要符合顾客的心理需求。

平心而论，当时的民族工商业产品确实有“山寨”西洋商品的嫌疑，本土产业在成长阶段模仿西方成熟产品的生产制作与经营方式，以“国货”自居借力于微妙的民族消费心理。只有当民族工商业自身发展到一定规模时，才不仅强调产地等产品属性在民族心理认同上的优势，而且强调产品在品质属性上的差异化。

无论是产品本身品质的提升，还是广告宣传力度的增大，背后都需要资金支持。相对弱小的民族产业难以在设计上加大投入，而设计在产业上升发展和企业竞争的过程中的重要性越来越突显。只有寻求资金注入，把企业做大做强才有与洋商竞争的实力。1909 年，冯福田与友人林寿庭、梁应权等人共同出资二十万元，改组广生行为"广生行有限公司"。改组后的广生行有了较为雄厚的资金和实力去扩大生产，在各地开设发行所并建起生产线，同时加大宣传力度与其他同类产品竞争，迅速铺展开其在全国的销售版图。

2.2.3.2　发展期——注重设计委托的生产型企业

广生行企业本身的主要精力集中于产品生产，关于广生行内部的广告部门，《中国现代设计的诞生》一书提及广生行将其广告部的设计进行注册，以此来保护自身的合法权利不被侵犯。笔者目前还没找到具体相关资料，只了解到该企业有为生产服务的基本设计与制作能力。然而，由于 20 世纪初期广生行管理层对产品设计和推广相关事务的重视，借助了香港和上海等地的商业美术机构的设计力量，广生行"双妹牌"的打造成为品牌宣传的经典案例。与此同时，从设计在产业发展过程中的助推效果，可以看到设计体制本身的发展轨迹和特点。

上海是广生行进入中国内地销售的首站。广生行上海发行所位于当时公共租界最为繁华的南京路，华侨林炜南是上海发行所的第一任经理，他善于经营使广生行在上海站稳脚跟[①]。1910 年，广生

---

① 林炜南担任广生行经理二十余年，直到 1935 年，年事已高的林炜南推荐梁灼兴继任上海广生行经理。

行推出“双妹”花露水等产品时，位于南京路475号的发行所做了连续三天的减价促销活动[①]。

1919年对广生行来说是一个重要年份。广生行在《申报》上投放了第一条广告[②]，并且创办了一本企业报刊《广益杂志》。虽然这本杂志存活时间不长，1922年3月停刊，一共出版36期[③]，却对广生行起了有效的宣传作用。《广益杂志》的开本和装帧风格与1914年创刊的鸳鸯蝴蝶派文艺期刊《礼拜六》极为相似，每一期都有多页广生行产品广告，附上全部产品价目表，既为自家产品作宣传，也发表许多提倡国货和兴办实业的文章。除此之外，还刊载供读者消闲娱乐的小说等文章。《广益杂志》由企业投资发行，“月出万册，以饷国人”[④]，以洋装杂志形式来宣传企业品牌和产品的做法，在当时国内具有开创性。随后，许多工商企业效仿为之。永安公司于1939年3月创刊的《永安月刊》便是由1920年代以来画报这一畅销新型读物和《广益杂志》这样的先例启发而产生，成为宣传企业文化和现代消费的重要阵地。

随着生产线的完善，广生行积极应对社会形势与需求变化，开

---

① 左旭初.百年上海民族工业品牌.上海：上海文化出版社，2013：20.

② 林升栋.20世纪上半叶：品牌在中国.厦门：厦门大学出版社，2011：250.

③ 据《中国报刊辞典（1815—1949）》（王桧林、朱汉国主编，书海出版社出版，1992年6月第1版）记载：“《广益杂志》，1919年4月在上海创刊。胡剑公主编。月刊。大型综合性刊物，以“发扬学识、推行国货”为宗旨，声明“不谈政治”。设有论说、纪事、实业、笔记、文苑、小说、译著等专栏。全面介绍了国内外工商业发展概况，对于国内教育问题、交通问题、畜牧问题、宗教问题、社会问题等均有论述，主张国货改良、提倡实业教育。1922年3月停刊，共出36期。藏北京中国人民大学图书馆等处。”本人在大成老旧期刊上看到其中几期，又在人民大学图书馆的古籍缮本阅览处看到几期实体杂志。

④ 广生行十周纪念盛况.广益杂志，1919（11）：24.

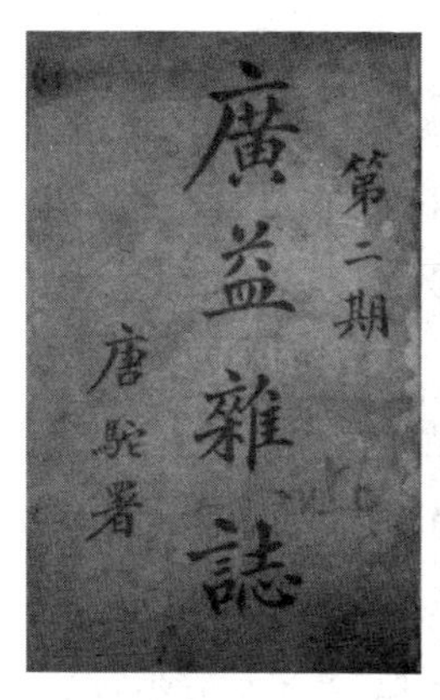

《广益杂志》第 2 期（图 2–8）、第 5 期（图 2–9）、第 10 期（图 2–10）封面，1919 年

发新产品与洋货竞争，被誉为"国货之巨擘，商战之健将"。据天津《益世报》1917 年 1 月 9 日的报道《国货化妆品之进步》，辛亥革命之后，中国人纷纷剪去辫子，发型改变之后便需要发油等新型护发产品。广生行迅速开发生发油等产品，"举凡化妆物品以及发油香水等货，无不精益求精、价廉物美，近日销场曰，各处欢迎，诚为国货之巨擘，商战之健将也。"①

1937 年，双妹牌就雪花膏、花露水、生发油、茉莉霜、千日香水、爽身粉、牙膏、牙粉、果子露等九个品种向实业部提出国货证明申请，经批准后上海社会局发给工商登记沪字第 89 号凭单，上海市国货陈列馆发给国货沪字第 76 号证书，确认为国货②。1930 年代是广生行的全盛时期，每年的营业额在 500 万元左右，最高达 600 万之多。③

---

① 天津地方志编修委员会办公室，天津图书馆.《益世报》天津资料点校汇编（一）.天津：天津社会科学院出版社，1999：674.

② 沈剑勇.广生行海上风雨录.上海滩，2007（9）：16–20.

③ 由国庆.民国广告与民国名人.济南：山东画报出版社，2014：250.

1. 机构内——配合生产的简单设计部门

《广益杂志》1919年第2期刊载记者“少邨”参观介绍广生行制作工场的专门文章《游广生行制造厂记并序》。1918年北洋政府与日本签订陆军和海军的共同防敌协定，激发了又一轮抵制日货、提倡国货的运动，在仇视日货和洋货的民族主义消费情绪中，由于广生行的产品“制造最精美、包装最悦目、销路最广远”，社会上便有人议论广生行其实是“舶来品”，假冒“中国货”的名目来销售。为了探明实情，记者便以研究工业为名去考察广生行在香港铜锣湾的制造厂。广生行督办总理冯福田和林寿庭接待他，并出示股东名录，“股本六十万，以百元为一股，多属省港殷富商户所组合，而无一股为外国所占有者”，表明“皆吾本国人所组合”的国货身份。

紧接着，冯、林二人陪同记者先后参观了玻璃制造场，印刷及螺丝白铁瓶盖制造所，制花露水厂，制造各种香品、雪花膏、牙粉等工场，了解制作各种化妆品的原料产地和制作工序。从香港广生行的生产制作情况可大概推断广生行在中国内地开设工厂的生产制作模式。1920年代，广生行已经在国内拓展了它的化妆品生产与营销版图，各地的制作工场都设有完备的部门，能够完成全线各种化妆品的生产任务。从印制于月份牌背面的“广生行有限公司总分行及制造厂全景”宣传图中，可以看到广生行各地制作工场的部门设置：

香水装瓶处　香水装箱处

彩色石印部　玻璃制造部

药品化验室　瓶盖制造处

汽水制造部　汽水装瓶部

香粉制造部　雪花膏制造部

货物装包部　货物装箱处

图 2-11 香港广生行玻璃制造厂，载于《广益杂志》，1919 年第 11 期

图 2-12 香港广生行彩色石印部，载于《广益杂志》，1919 年第 11 期

这些生产制作部门与各地发行部门协作，形成广生行完整的经营系统。1919 年第 11 期《广益杂志》上摘录《国语日报》报道的《广生行十周纪念盛况》一文，可见 1920 年代广生行企业欣欣向荣之势：

"南京路广生行所制的'双妹'老牌化妆品，为中国最早的发明品。近十年来，该总行出品愈加精美，故能制胜舶来品，分行设立已有四十余处，销货额已达五百万元以上，可谓发达。"

从记者参观生产的这篇报道中，可以看到广生行企业内部在产品的生产制作过程中有一定的设计能力，如其中的"玻璃制造部"规模"不下百二十余人"，制造各式玻璃瓶樽，当自己生产的樽瓶供不应求时，还会向其他玻璃瓶厂定购；"印刷及螺丝白铁瓶盖制造所"中设有"印刷所"，所用的石版印刷机从英国购买，"印刷各种唛头招纸，及寻常之瓶上广告纸"，印刷所内聘有画师"正伏案绘画各种小瓶上之"双妹"商标"，并聘有印刷工人"印刷各项招纸"；"彩色石印部"印刷各式"双妹牌"化妆品的标签、招贴与包装纸，可见企业内部也有满足基本生产需求的设计力量。

2. 机构外——商业美术机构的委托与合作

从《广益杂志》上多达数十页的各式"双妹牌"（双妹唛 / 双妹老牌）产品的黑白人物广告画中，可见该企业将广告宣传看得与产品本身同等重要。十年间，这个香港企业的股本从20万增加到60万，更有实力投资为自身开拓的各式产品线做广告宣传。产品的造型与包装，尤其是广告设计，则是广生行内部较弱的设计能力所不能承担的，于是广生行便请香港、上海等地的商业美术名家设计产品造型、绘制黑白广告与彩色月份牌。

广生行黑白广告画的风格介于中国白描与西洋素描之间，是当时百姓喜闻乐见的形式，和《礼拜六》《世界画报》等流行刊物的人物插图保持一致风格。这些广告画多出自署名“少麟”的画家徐少麟之手。徐少麟[①]是20世纪初活跃于上海的画家。还有部分广告画是生生美术公司老板孙雪泥的手笔。

除了杂志，报纸和其他畅销期刊是各类产品大打广告战的重要阵地。中国最早的报刊广告可追溯到《申报》第五六四号（1874年，即同治十三年正月十六日）第六版，广告占了整个版面的四分之一，外商广告占了12小格中的7格，其中老晋隆洋行出售花露水的广告便占了两格[②]。化妆品是最早刊登广告的产品门类之一。“双妹牌”的广告画在《申报》《新闻报》等重要报纸上经常出现，并有书法名家专门为广告画题字。“双妹”雪花膏的竞争对手——英商“夏士莲”雪花膏在一战期间由于海上运输受阻而在上海脱销，“双妹”又在这一时期形成了极好的口碑和影响力，并在《申报》《新闻报》

① 《海上艺坛的活跃分子》（载于萧芬琪，《孙星阁》，石家庄：河北教育出版社，2003.）在对上海另一画家孙星阁的论述中提及了画家徐少麟，徐少麟与孙星阁、王钝根、袁寒云、步林屋、梅花馆主等人一起创办《心声》杂志，由于目前对广生行的广告部缺乏资料而无法作更深的了解，并不清楚“少麟”的具体身份是自由画家，还是在广生行的广告部中工作。

② 平襟亚，陈子谦．上海广告史话//上海市文史馆，上海市人民政府参事室文史资料工作委员会．上海地方史资料（三）．上海：上海社会科学院出版社，1984：132.

上和夏士莲大打广告战，这对广生行迅速夺取雪花膏等产品的销售市场起了重要作用。

月份牌招贴画是20世纪初最为摩登的广告宣传形式，是西方风格样式的海报招贴经由中国美术创作者改造而成的产物，由于精美的印刷和大众喜闻乐见的图像内容而被广泛收藏。各行各业向大众推介自身产品和服务时，都会考虑采用月份牌宣传画的形式来做广告。1896年的"沪景开彩图"被学界视为月份牌创作形式的开端。月份牌创始于上海，风行于上海，并向全国各地辐射这一商业美术形式的影响力[①]。"随着商业城市上海的崛起，广东商人前往上海开展商业活动，一些广州、香港、澳门的画家也来到上海，将广东的月份牌作风带到了上海。"[②]各地商业的流通和画家的交游相当频繁，广州和香港的绘画风格也影响了上海的月份牌创作。在香港、上海及中国内地均有产业的广生行，它的产品造型和月份牌招贴画的设计，委托了当时香港、上海最负盛名的月份牌画家，关蕙农、郑曼陀、杭穉英等人都为广生行绘制过月份牌广告画。

关蕙农是早期在中国创作外销画并在广州创立"啉呱画室"的关氏后人[③]，1905年移居香港后把上海流行的月份牌形式带到香港和广州地区[④]，关蕙农早年在广州师从兄长关健卿学画，后又师从

① 陈瑞林在《城市商业美术与广东绘画的现代转型》一文中提出月份牌最早可能产生于珠三角地区的观点（林亚杰、朱万章主编，广东绘画研究文集，广州：岭南美术出版社，2010）。

② 陈瑞林.城市商业美术与广东绘画的现代转型//林亚杰，朱万章.广东绘画研究文集.广州：岭南美术出版社，2010.

③ "啉呱画室"的创办人，有些学者经过研究认为是关乔昌，关作霖（又有研究认为他就是史贝霖）。

④ 陈瑞林.城市商业美术与广东绘画的现代转型//林亚杰，朱万章.广东绘画研究文集.广州：岭南美术出版社，2010.

图 2-13　关蕙农绘《姐妹花》——广生行有限公司广告画，1931 年（载于《20 世纪中国平面设计文献集》，陈湘波，许平，广西美术出版社，2012 年 5 月第一版）

岭南画派的重要画家居廉，移居香港后，于 1911 年在《南清早报》担任美术员，对石印技术十分熟悉[①]。从 1913 年起，关蕙农开始为广生行绘制月份牌招贴，居廉“撞水”“撞粉”的水彩画技巧影响了关蕙农的画面创作，他所创作的广生行招贴皆由他在香港开办的亚洲石印局（1915 年创办）印制。

郑曼陀离开杭州“二友轩”照相馆到上海谋生，于 1914 年在张园挂售四幅自创擦笔水彩画法的美人画，被商人黄楚九一眼相中，从此开始了他的美女月份牌创作生涯，成为上海滩红极一时的月份牌画家[②]。广生行也曾邀请郑曼陀绘制月份牌招贴。

穉英画室是二十世纪二三十年代上海最具影响力的月份牌创作机构，1930 年代广生行的月份牌多数委托穉英画室制作，据杭鸣时回忆，画室还为广生行设计了产品造型和包装。

有趣的是，就像《申报》和《新闻报》上会同时刊登“双妹”和“夏士莲”的黑白广告一样，这些商业美术机构和画家同时服务于互为竞争对

---

① 李世庄 .20 世纪初粤港月份牌画的发展 // 国际学术研讨会组织委员会 . 广东与二十世纪中国美术国际学术研讨会论文集 . 长沙：湖南美术出版社，2006.

② 关于郑曼陀作为月份牌画家发迹，另有两种说法，一是吴昌硕的举荐，一是他于张园张挂四张美人画，被上海中法药房的大老板黄楚九一眼看中，从此开始他的月份牌画家生涯。

郑曼陀
（1888—1961）

图 2-14　郑曼陀肖像

图 2-15　郑曼陀绘广生行月份牌，1920 年代（载于《视觉传达设计》，葛鸿雁，上海书画出版社，2000 年 6 月第一版）

杭穉英
（1900—1947）

图 2-16　杭穉英肖像

图 2-17　穉英画室绘制的广生行月份牌，1920 年代末至 1930 年代（高建忠收藏）

手的企业双方的广告宣传，而且设计的内容和风格颇为相似。比如，穉英画室同时也为广生行的竞争对手老晋隆洋行的"林文烟"花露水绘制月份牌。谢之光则为"林文烟"花露水绘制了 1927 年的月份牌广告画。

“双妹牌”化妆品几乎是20世纪初品牌宣传的典型。广生行与当时香港、上海的商业美术设计圈形成密切联系，催生了西洋美术、商业美术和工艺美术的启蒙状态。透过广生行得以一窥20世纪上半叶设计体制的一些基本特征。在产业发展的初期，企业侧重于产品本身的设计，中小型企业尤为明显，依靠企业本身薄弱的设计力量只能完成产品本身的设计与生产，无法兼顾广告宣传设计。随着企业自身的经营与壮大，激烈的产业竞争迫使企业加大广告宣传力度，部分大型企业具有雄厚的资本实力得以在企业内部设立专门设计部门，以此来应对产品设计与宣传的需要。然而，更多的中小型企业，包括广生行，并不具备这样的设计能力，在企业本身无法兼顾和应对技法越来越专业化、竞争越来越激烈的广告宣传事务时，则会转向与专业商业美术画家或机构合作。尽管面对西方经济的强力入侵与本地政府的管控，抗日战争全面爆发以前，中国社会仍有一个相对平稳的产业环境，城市化与商业化同步发展，经济增长、企业发展上升的产业经济环境是现代设计诞生的肥沃土壤，随着设计机构的发展成熟与设计师的职业化，中国现代设计的业态渐成规模。

2.3 上海独立设计机构概览

2.3.1 竞争的产业与竞争的设计

翻阅至今传世的老月份牌，除了广生行在宣传“双妹牌”化妆品之外，英商老晋隆洋行的“林文烟”花露水、美商上海怡昌洋行的旁氏白玉霜、中国化学工业社的三星牌产品，中西药房的明星花露水……在中国倾销的英美日化厂商与本土日化产业之间的竞争，仅仅是19世纪末20世纪初在中国发生的“商战”的一个微乎其微的注脚。

鸦片战争之后的一系列不平等条约迫使中国的部分沿海城市向西方各国开放，划为英国租界的香港，辟为通商口岸的上海、广州、厦门等沿海城市成为中国传统社会经济结构发生变化的前沿阵地。洋务运动以来，中国的近代工业从军用工业向民用工业的多个领域扩展。1895年《马关条约》及随后的缔约条件允许西方各国在中国开设工厂，"这导致了现代工业在中国迅速扩大"，"历史学家通常把1895年作为中国现代工业的开始。"①

西方列强在掠夺中国的农副产品与工业原料的同时，也大力发展加工生丝、棉花、皮革等出口商品的缫丝、轧花、制革等工业②，加大在中国投资设厂开办企业的力度。外资企业有压倒性的优势，"它们依靠特权，直接利用中国的原料和廉价劳动力，榨取高额垄断利润，压迫民族工业，从而严重地、直接地阻碍中国社会生产力的发展的消极影响，则是它的主要的、基本的方面。"③1895年到1936年间，"上海外资工业资本投入量从975.2万元增至4亿元，增长了40多倍。"④

虽然进入中国的外资企业确实也为中国的产业发展带来了一定促进作用，客观上加速瓦解中国原有的封建经济基础，对城乡商品经济发展有所促进，传播了先进的科学技术，但正是严重的不平等

---

① 葛凯．制造中国：消费文化与民族国家的创建．黄振萍，译．北京：北京大学出版社，2007：46.

② 黄汉民，陆兴龙．近代上海工业企业发展史论．上海：上海社会科学院出版社，1980：8.

③ 张仲礼．旧中国外资企业发展的特点：关于英美烟公司在华企业发展过程和特点 // 张仲礼．张仲礼文集．上海：上海人民出版社，2001：273.

④ 黄汉民，陆兴龙．近代上海工业企业发展史论．上海：上海社会科学院出版社，1980：11. 转引自张仲礼．近代上海城市研究．上海：上海人民出版社，1991：342.

和商业上的暴利，激发了各行各业兴办民族实业的勇气与决心。除了纺织、面粉、卷烟等原有行业之外，肥皂、化妆品、药品、毛巾、火柴、罐头食品、饼干等新兴产业也成为西方厂商与中国民族工商业激烈竞争的领域。据统计，1914年到1928年，15年间上海平均每年新开设的工厂数为80余家，根据上海市社会局的调查，1929年上海大小工厂（含雇工10人以下的工厂）的总数为2300家，1933到1934年间，雇工5人以上的工厂总数则已超过5000家[①]。至1947年，上海大小工厂总数已增至7738家[②]。

中国的民营企业一面世，便在内外双重夹击中力求生存与发展，“与官办甚至官督商办企业的求大求全形成强烈反差”[③]，又与资本雄厚、技术领先、管理有序的外资企业形成了鲜明对比。随着国际上各国战况的变动，西方列强对中国的侵略有进有退，中国人抵制外货、提倡国货的呼声也此起彼伏，中国的民族工商业在短短几十年间经历了几次短暂的发展，涌现出一批优秀的中国企业家、具有实力的企业和可与外商媲美的名优品牌与产品。随着世界性托拉斯垄断企业在中国设立营销机构和工业生产线：留学回国的范旭东创办了永利制碱公司与英商卜内门洋碱有限公司展开竞争；简氏兄弟开办南洋烟草公司与英美烟草公司争夺卷烟市场；中法药房的黄楚九创立龙虎公司生产龙虎“人丹”和日本的翘胡子“仁丹”竞争；胡西园则创办了“亚浦尔”电器厂与美国“奇异牌”、荷兰“飞利浦”等电灯泡厂商进行竞争；吴蕴初的“天厨”味精匹敌日本的“味の素”；

①② 罗志如．统计表中之上海．中央研究院社会科学研究所集刊第四种．南京：中央研究院社会科学研究所，1932：63. 转引自黄汉民，陆兴龙．近代上海工业企业发展史论．上海：上海社会科学院出版社，1980：12.

③ 李志英．中国近代工业的发生与发展．北京：北京科学技术出版社，2012: 80.

三友实业社的"三角牌"毛巾叫板日本"铁锚牌"毛巾；五洲固本肥皂则与英国祥茂肥皂抢占市场。正如南洋烟草公司创办者简照南所说："货必求美胜英美，而价钱则贱过英美，则人心自然推向。"在竞争中成长起来的近代中国企业都具有强烈的市场意识，围绕市场需求来组织生产并随时进行灵活的调整。

西洋商品在中国倾销压迫中国民族工商业的成长，阻碍中国社会生产力的发展，然而不可否认的是，这个产业竞争和商品竞销的社会经济环境成为设计行为酝酿与发展的摇篮。在这场旷日持久的"商战"之中，产品竞争是企业竞争的核心，无论是外国厂商还是中国企业，在企业竞争中除了注重自身资本、技术、人才等因素的积累与提升之外，还极注重维护企业和品牌、产品品质与形象，重视产品包装与广告宣传。为了在这些维度的竞争中站稳脚跟，便得依赖商业美术行业的支撑，产业与商业两股驱动力形成驱动商业美术发展的合力，促使设计行业自身形成初步规模与生态。

2.3.1.1 广告设计形式多样化

凡是通过美术形式来促进商业发展的行为都可称为"商业美术"，广告便是一个形式繁多的"商业美术"门类。广告作为商家推销商品的"出马第一条枪""临阵第一排炮"，在欧美本土消费文化中极大地促进了商品销售。进入中国的洋商如法炮制，通过广告来打开市场通路。然而，西洋风景与人物广告离中国百姓社会生活过于遥远，对于西洋货品在中国的销售并未起到实际帮助。实力雄厚的外国企业便开始在中国本土组建广告部，聘用中国画师来为产品设计广告，以迎合中国百姓的审美趣味。中国民族工商业为了与外国企业竞争，一面模仿西洋商品的包装，一面在广告设计与推广上花费心思。

原在美商克罗广告公司任职，后成立"新一行"（即后来"新一化工厂”）的老板胡忠彪在 1929 年的《商业杂志》发表文章《广告与商业之关系》[1]，对民国期间的广告宣传作了详细分类简介。20 世纪初期，广告在上海几乎是铺天盖地的存在，报纸杂志上

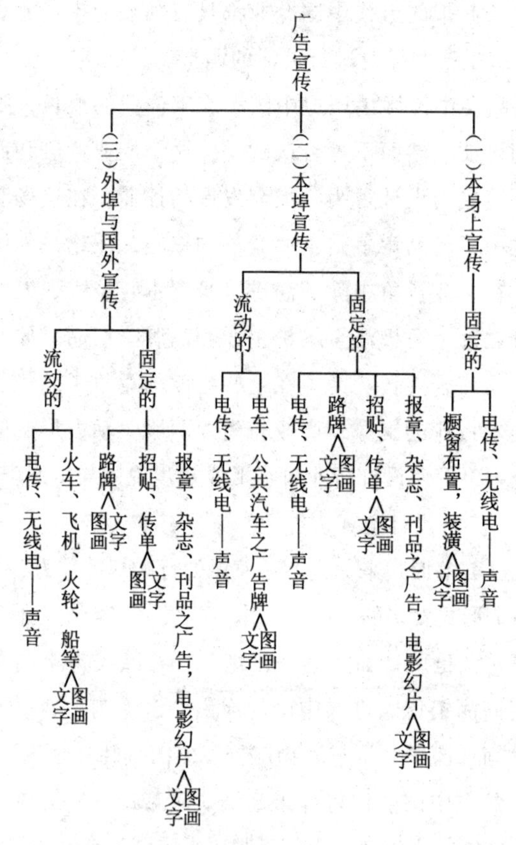

图 2–18 商业广告分类简介图，载于胡忠彪撰写的《广告与商业之关系》一文，1929 年发表于《商业杂志》

① 胡忠彪 . 广告与商业之关系 . 商业杂志，1929：4（11）：1–3.

的广告鳞次栉比，铁路沿线和城市街道两侧的路牌广告簇拥林立，霓虹灯广告闪烁迷离，就连当时新兴的交通工具——电车上也满是广告，除此之外，商场橱窗广告、无线电广告、赠品广告、霓虹灯广告……广告形式纷繁多样，展现了中国早期平面设计的丰富面貌。

2.3.1.2　设计组织形态的多样化

产业繁荣与商业竞争催生了中国现代设计，由于商业美术创作行为本身专业门槛相对较低，商业美术人才的成长环境显得多种多样。每个商业美术家的成长既有许多偶然诱因，也有共性，那便是上海这座城市中繁荣的工商业活动提供层出不穷的机会与创作空间，促成了20世纪初设计机构组织形态的多样性。各行各业信任设计代理机构，设计机构面对设计委托的服务也趋于专业化，形成服务于产业的商业美术"专家系统"。20世纪初上海出现许多中小型独立设计机构，其中既有郑曼陀、金梅生等单独开业的月份牌画家，像穉英画室这一类由个人开办、多人合作的家庭式机构，也有专门从事某一门类广告代理的广告公司。设计机构组织形态渐趋成熟的同时，提供的设计服务越来越专业化，现代设计自身形成一定的产业形态与规模。

从这一批设计师个人、设计机构的知识结构、成长背景与行业背景来看，20世纪初期上海的设计组织形式大致可分为本土成长的设计师与设计机构，外国人在中国创办的广告设计机构，留学归国的美术与管理人才创办的设计机构三类。不同的组织形式之间并非泾渭分明，在人员构成上时常有流动和穿插，因而在经营方式、组织管理模式上存在许多相互借鉴之处。

在商业环境中，那些更贴近产业现实，为企业提供设计服务的广告代理机构存活情况相对较好。而那些更执着于美术理想，未能开拓业务的设计从业者们，则不得不承受在残酷商业竞争中被淘汰的命运。

2.3.2 草寇英雄：本土独立设计机构的兴起

2.3.2.1 月份牌画家群体

在1927年第7期《紫罗兰》上，郑逸梅发表了《月份牌谈》一文，同年第10期的《紫罗兰》上又刊登了杨剑花的《月份牌续谈》，可见当时月份牌广告画在上海盛极一时，文人们多次撰文介绍这种深得人心的商业美术形式。杨在文中提及，“月份牌作者以余管窥所及，要以曼陀、柏生、咏青、之光、云先、稺英、伯翔诸子为个中巨擘。”文中还津津乐道于1921年（民国十年）春季南洋烟草公司印制的《海上十二名画家月历牌时装仕女》，封面为谢之光创作的《美女饲禽图》，十二个月份的月份牌作者依次为杨清磐、杭稺英、丁悚、丁云先、尊我[①]、徐咏青、周柏生、但杜宇、景吾（潘达微）、张光宇、谢之光、郑曼陀。这一批人中，除了潘达微主要从事摄影创作，曾于1914年担任香港南洋烟草公司广告部主任，张光宇、但杜宇主要从事漫画创作，其余大部分是以月份牌广告画为主业的广告画家。

1920年代以前是月份牌的草创时期，周慕桥、徐咏青、周柏生、丁云先、郑曼陀等人对月份牌形式的探索奠定基本的艺术形式。“上海早期著名茶楼‘青莲阁’，就常聚集了许多外地厂商与上海的印刷商、广告商，甚至跑街们，在那里商谈月份牌广告画交易的种种活动，有一定的秘密性。一些不太出名的月份牌画家，到茶楼和客

---

① “尊我”可能是民国时期某一画家的名或字，目前暂时未查到画家“尊我”的更多相关资料。

栈中向外地厂商兜售作品。……每年要持续好几个月。"[1]产业的繁荣给设计活动提供土壤，敏感的商业美术家积极响应产业中的设计需求。1930年代的月份牌市场已经形成郑曼陀、谢之光、杭穉英三足鼎立之势，这一时期活跃于月份牌领域的画家还有胡伯翔、金梅生、金雪尘、李慕白、倪耕野、张碧梧、张荻寒等人。

月份牌与其他商业美术相比，画面形式更精细、尺幅更大，在创作时间与精力上都需要有更多投入，商业利润也更高，因而知名月份牌画家承接商业订件的收入相当丰厚。郑曼陀是早期月份牌画家中独力开业的代表，也曾与徐咏青合作接受订件。另有开办独立设计机构的画家，其中以杭穉英创办"穉英画室"在这一批画家中最具代表性，金梅生从商务印书馆离职后也创办了个人画室。其他月份牌画家大多在大型公司的广告部任职，同时接受社会其他机构的月份牌创作委托。例如，谢之光曾为英美烟草公司和其他机构绘制月份牌，后来又任上海华成烟草公司广告部主任、福新烟草公司美术顾问。周柏生、张荻寒曾在南洋烟草公司广告部任职。

2.3.2.2 报刊广告画与本土广告公司

除了月份牌之外，报刊黑白广告画、路牌广告、橱窗布置等广告形式多由专业广告代理机构来完成。华商广告公司创办人林振彬指出，"广告业务包含三方面之关系，其一，为广告人，其二，为出版界，其三，为广告公司。"上海的广告人与出版界密切合作，广告公司网罗一批商业美术人才，为实业界提供广告代理服务。

"上海广告公司林立，考其内容，或则徒拥虚名，不过专恃

---

① 张燕风．老月份牌广告画上卷论述篇．台北：汉声杂志社，1994：65.

二三种杂志以维持；或则仅有公司之名，并写字间而亦无之。”[①]上海最早的“广告代理商”由“广告掮客”进化而来，如郑端甫、林之华、严锡圭等人便专门为《申报》《新闻报》代售广告版面，并委托自由职业画家设计广告画稿。1909年由王梓濂创办的“维罗广告社”是“早期由中国人创办的广告代理公司，好华、中西、耀南、伟华、大达、伯谦、上海、大声等广告社均为上海早期由本土广告代理商、经营管理者设立的广告社。”[②]1946年在“上海市广告同业公会”登记的广告公司已经达到了85家[③]。

其中，几家外商广告公司向上海广告代理行业引入英美广告公司的经营管理模式。1915年由意大利人贝美在上海创立的贝美广告社是外国商人在中国创办的第一个广告公司，主要经营户外广告。1918年美商克劳广告公司成立，1921年英商美灵登广告公司成立[④]，这些公司均雇佣广告画家和广告文案撰写人员。

实力雄厚、拥有信誉的广告公司一般具有稳定的机构设置和明确的人员分工，在商业美术竞争中较有优势。“所谓健全有力之广告公司，如为经营报纸及户外广告者，必有充足之设备，优长之服务，其专门编撰小册，译述目录，印发传单，或通函等直接广告者，

---

① 《商学期刊》（1929年第2期）上刊载有根据华商广告公司总经理林振彬的演讲发言整理的《中国广告事业之现在与将来》一文。

② 徐百益．老上海广告的发展轨迹 // 益斌，柳又明，甘振虎．老上海广告．上海：上海画报出版社，1995：6.

③ 上海市广告商业同业公会同业登记表，上海档案馆档案，S315-1-9.

④ 徐百益．老上海广告的发展轨迹 // 益斌，柳又明，甘振虎．老上海广告．上海：上海画报出版社，1995：6.

必须有专门之撰述人才及商业图画人才。"[1]

上海广告界人才辈出，各广告公司、报刊、企业的广告部也涌现许多广告画家。李叔同 1912 年在《太平洋报》担任美术编辑期间，曾为该报纸绘制不少广告画和题花装饰。丁悚、杨清磐、庞亦鹏、丁浩、孙雪泥、徐少麟等人都是活跃在报刊领域的黑白广告画家。知名广告画家丁悚既在烟美烟草公司任职，又在业余时间接受其他机构的委托画报刊黑白广告画和书籍封面设计等。庞亦鹏则是华商广告公司黑白广告画的创作主力。

中国人创办的广告公司中，以两位赴美留学归国的学子创办的广告公司规模最大。林振彬 1926 年创办华商广告公司，陆梅僧于 1930 年联合郑耀南等人创办联合广告公司，这两家广告公司与美商克劳广告公司、英商美灵登广告公司并称为 20 世纪初上海四大广告公司。孙雪泥创办的"生生美术公司"也是上海的重要的商业美术创作与印刷机构。

1. 孙雪泥创办生生美术公司

成立于 1916 年[2]的生生美术公司设址于上海二马路跑马厅 234 号，老板孙雪泥（1889—1965）为公司"主任"，这一机构可谓麻雀虽小，五脏俱全，是兼顾商业美术、印刷、出版等业务的全能型设计机构。

广生行的宣传杂志《广益杂志》（1919 年第 2 期）曾刊登"生生美术公司"广告，声明"本公司专心一切美术事业"，公司设有

① 《商学期刊》（1929 年第 2 期）上刊载有根据华商广告公司总经理林振彬的演讲发言整理的《中国广告事业之现在与将来》一文。

② 《申报》于 1921 年 9 月 17 日报道"生生美术公司成立 5 周年"，依此可推该公司于 1916 年建立。（据王震 . 二十世纪上海美术年表 . 上海：上海书画出版社，2005：115.）

图画部、缮写部、文艺部、广告部、印刷部、雕刻部、出品部、代理部共8个部门，对应相关服务如下：

图画部：包办各式图画、广告、商标、地图、背景、写真，各种打样、月份牌、书面插画、装饰等业务。

缮写部：能够应用正楷、草书、隶书、篆书等各种字体，代人缮写匾额、对联、招牌、招牌、仿单等各种写件。

文艺部：代写祝寿、序文、诔文、墓志、文牍、翻译等各种文字，并且特意声明公司聘有专家，能够撰写“别出心裁、动人心目”的广告文案。

广告部：本埠、外埠各种报纸，代办墙壁、篱笆、门帘、戏幕、电车、影戏、电灯、车站等各种广告。

印刷部：月份牌、仿单、传单、书籍、信纸、铜版、锌版、玻璃版、镂梨等皆可承办。

雕刻部：精刻古今名人供像以及铜版商标、各种图章。

出品部：自制各种游戏品、信封信纸、人造鲜花，雕刻石膏、泥塑、火漆模型等。

代理部：代售美术物品，代登各种广告，代发传单。

生生美术公司还响应20世纪初上海画报出版热潮，于1918年创办了《世界画报》。这本以“世界”命名的消闲读物期望通过图画来探索“世界”视野与奥秘，向大众提供充实的内容。孙雪泥为早期发行人与编辑人（第10期起由丁悚任主编），画报集结当时上海美术界诸多知名画家为其供稿，早期有张聿光、丁悚、谢之光、刘海粟、杨清罄等12人（后期增至24人，郑曼陀也名列其中），还培养了一批画坛新秀，如张光宇、张正宇两兄弟。张氏兄弟也曾在《世界画报》担任实习编辑，为后期自创画报积累办报经验。

图 2–19 《世界画报》第 1 期（1918 年 8 月）封面

图 2–20 《世界画报》第 53 期（1926 年 6 月）封面

这份 16 开、彩色封面的画报售价仅为 1 角 5 分（后期增为 2 角），内页早期为单色石版印刷，后期因生生美术公司购进新式铜版、锌版印刷机而改用铅字排版，铜版、锌版印制图片。周瘦鹃等知名作家担任画报的撰述者，可谓阵容强大，设置《世界名胜》《世界历史》《世界工艺》《世界说丛》等多个专栏，内容丰富驳杂，在民众中引起很大的购买与阅读兴趣。从《世界画报》的编撰团队可见该公司在广告中并未夸大自身业务能力，郑曼陀、杭穉英、谢之光、周柏生等名家月份牌该机构均有发行[①]，而为画报撰稿的这一批鸳鸯蝴蝶派作家构成公司强大的文案撰写团队。

---

① 生生美术公司在 1930 年 1 月的《申报》上为该公司发行郑曼陀、杭穉英、谢之光、周柏生等人的月份牌发布广告（王震．二十世纪上海美术年表．上海：上海书画出版社，2005）。

生生美术公司的团扇业务与日历印制业务“独步”上海滩。在炎热夏季，上海各商家将商品信息印于扇风消暑的团扇之上，放于舞厅、商场的门口由顾客自由领取，每个夏天团扇消耗量都很大，给生生美术公司带来了可观的收益[①]。1933年，生生美术公司在湖社举办了绢扇画展，展出的绢扇标价从1元到4元不等，参观民众踊跃购买[②]，将有助于扩大公司影响的展销活动做到了极致。而每年各大公司和百货商店也都会委托印刷厂印制附有自家商品信息的日历，用以赠送新老顾客。生生美术公司便请美术名家来制作日历底版，稺英画室也曾与孙雪泥合作印制月份牌，孙雪泥还曾希望与丁浩合作月历底版。

孙雪泥还多次在《申报》刊登生生美术公司筹措美术与商业美术展览会的广告，在联络美术界与产业界的同时扩大公司影响力。“生生美术公司”是全能型的、灵活的商业美术设计与出版机构的典型。老板孙雪泥在上海美术界与文艺界广泛的交际能力与在实业界的业务沟通能力，使其在上海商业美术环境之中游刃有余。像孙雪泥这样既精通美术设计，又掌握印刷技术，还兼具管理思维的全能型人才，在20世纪初的上海设计界并不在少数。

2. 林振彬创办华商广告公司

被誉为“中国广告之父”的林振彬（1896—1976）在1926年创立华商广告公司之前，已经有充分的前期准备与资源积累。林振彬1911年从福州考入清华学校，1916年考取利用庚子赔款而建的清华留美预备学校，赴美国留学攻读广告学与心理学，先是在纽约

① 丁浩．美术生涯70载．上海：上海人民美术出版社，2009：16.

② 王震．二十世纪上海美术年表．上海：上海书画出版社，2005：341.

罗切斯特大学获得学士学位，后又在哥伦比亚大学获得硕士学位，接着又在纽约大学专攻广告学和心理学。1922年回国[①]后进入商务印书馆，在商务广告公司担任经理，他在美国全国出口广告公司工作的美国同学给他介绍很多美国商品广告业务[②]，这些业务联系在林振彬创办华商广告公司之后成为公司业务的一大支撑。早在20世纪初可口可乐便已经被美国公司引进中国，1927年在上海设立瓶装厂，而将"Coca-Cola"的中文译名定为"可口可乐"的，便是林振彬。

商务印书馆的实践经验使林振彬认识到，健全的机构设置与广泛的业务网络是广告公司存活的必要条件，"健全有力之广告公司，其产生与成立，必有待于广告人与出版界之精诚合作。广告人固不可领略区区回扣之小利，而于委托广告时，务宜慎选健全有力之广告公司。"[③]循着这一目标，林振彬于1926年创办了华商广告公司。早期林振彬与蒋东籁合作，庞亦鹏于1929年加入华商广告公司，成为黑白广告画设计主创力量，另外还聘请了臧宏元、孙作民等四五位广告画家。华商广告公司在十年里从仅有两家客户发展至有近百家客户。林振彬在经营公司的同时，先后在上海商学院和沪江大学担任广告学教授。

"八一三"事件后，上海广告业受到严重打击，华商广告公司的业务量也由于中美贸易的萎缩而下降，庞亦鹏离开华商自创"大鹏广告公司"。1947年，林振彬邀请丁浩到华商担任图画部主任，

---

① 网络上一篇关于林振彬儿子林秉森的文章中对林振彬的生平事迹有较详细的介绍：宋路霞．最后的小开——查理林．http://qkzz.net/article/7ed91862-670f-47fa-8c9a-fc60f713b385.htm.

② 徐百益，益斌，柳又明，甘振虎．老上海广告的发展轨迹．上海：上海画报出版社，1995：4.

③ 林振彬．中国广告事业之现在与将来．商学期刊，1929（2）：1-2.

丁浩与他协商后，在外滩汇丰银行二楼的华商广告公司设了两张办公桌，既为华商广告公司画稿，同时还经营丁浩自己的"丁浩画室"，可见个人设计机构与大型广告设计企业之间的合作方式十分灵活。

3. 陆梅僧创办联合广告公司

上海知名画家丁浩的第一份工作便是从在联合广告公司当学徒，由此开启美术生涯。丁浩在访谈中回忆，他于1933年1月9日进入联合广告公司当练习生，联合广告公司是当时上海最大的广告公司[①]。

联合广告公司的主要创办人是陆梅僧。他与林振彬有着相似的求学经历。陆梅僧（1896—1971）1913年考取北京清华庚子赔款留美预备班，在清华读书期间表现活跃，1919年五四运动爆发时被选为清华大学学生会代表到上海组织全国学生联合会，由此认识《申报》馆经理史量才并得其赏识。1920年，陆梅僧家中难以筹措赴美留学巨款，因而斗胆求助于史量才，史量才特聘陆梅僧为该报美国特约记者并预支稿费资助他赴美留学。陆梅僧在美国顺利取得商业经济学士和硕士学位，同时在美国环球广告公司担任华文主任（Chinese Executive,World Wide Advertising Corporation, New York）[②]。美国商业文化深深刺激了这个留美学子。环球广告公司是当时纽约规模较大、组织健全的广告代理组织。这段工作经历让陆梅僧积累了回国开办广告公司的实践经验，攒下了丰厚的薪水作为回国的创业基金。

1926年陆梅僧学成回国，史量才在《申报》重要版面介绍"陆梅僧的学识经历和求学时期的实际爱国活动"[③]，并设宴介绍陆梅

① 丁浩访谈，2010年3月，参与人：哈思阳、孙浩宁、张馥玫。

② 李元信 . 环球中国名人传略上海工商各界之部 . 上海：环球出版社，1944：158.

③ 江纪生 . 陆梅僧：中国联合广告公司创办人 // 宜兴文史资料（第19辑）. 宜兴：政协宜兴市文史资料委员会，1991：151.

僧与上海各界贤达相识。很快，陆梅僧便在多家大学担任广告学讲师，并且成立大华广告公司，主要代理《申报》广告业务。

1930年5月，通过《申报》经理张竹平[①]的撮合，陆梅僧的大华广告公司、郑耀南的耀南广告社、商业广告社、一大广告社四家集结起来，借申报馆的空余房屋（在上海山东路255号）创办联合广告公司，1931年由国民政府实业部发给营业执照。联合广告股份有限公司股本总金额为七万元，分为七百股，每股银数为一百元，从股东中选董事与监察人，张竹平、汪英宾、郑耀南、陆梅僧、姚君伟任董事，陆守伦[②]、王鬻（莺）为监察人[③]。

（1）业务达人四老板

据丁浩回忆，四家公司原先都有基本业务和固定客户，联合广告公司的四个老板都有很强的业务基础和业务能力，相当于四个客户经理。他们和《申报》《新闻报》等报纸关系密切，承包报纸版面广告。陆梅僧是留学美国的经济人才，"其中一个老板是广东帮，广东人的广告便由他包揽了，另一个是商业广告大王，商业公司的业务都是他拉来的。"[④]

当时上海的广告公司竞争十分激烈。由于陆梅僧与申报馆关系

---

① 据徐百益回忆，张竹平最早办的是"联合广告顾问社"，后来发展成联合广告公司。（徐百益．八十自述：一个广告人的自白 // 中国广告人风采．北京：中国文联出版公司，1995.）

② 据《宁波帮大辞典》（金普森，孙善根主编，宁波出版社，2001:149）定海人陆守伦1902年出生，曾担任过上海联华广告公司、联华营业公司的董事兼经理，舟山轮船公司监察、联合广告公司常务董事、上海市广告商业同业公会理事长等职务。

③ 联合广告公司的"申请设立登记呈（1931年9月17日）"与"国民政府实业部执照（1931年11月16日）"，收录于上海市档案馆，旧中国的股份制（一八六八 — 一九四九年），北京：中国档案出版社，1996：376，377.

④ 丁浩访谈，2010年3月，参与人：哈思阳、孙浩宁、张馥玫。

密切，联合广告公司买断了《申报·本埠增刊》首版广告位置的代理权限。永安公司的广告原本委托狄芝生，有一次大减价指定要将广告刊登在《申报·本埠增刊》的首版，狄芝生无法拿到这个指定的版面位置，只好退回永安公司的广告底稿，而联合广告公司则趁机为永安刊登了广告，并就此接下了永安公司的广告代理业务①。

中医陈存仁在回忆录《银圆时代生活史》中讲起他为创办《康健报》筹措经费时，由联合广告公司董事郑耀南帮他与药商签订广告合同的过程，从中可见当时广告公司的运作方式。广告公司协助客户谈成广告合同，并代取广告费，再从中抽取佣金。上海富豪朱斗文帮陈存仁在“生意浪”（当时许多生意都在风月场所里协商）约了一桌“花酒”，请上海几大药业老板袁鹤松、周邦俊等人赴宴（五洲大药房的黄楚九后来在其自建的“知足庐”签了合同），席间请他们包《康健报》的广告。陈存仁则请郑耀南一同赴宴，郑耀南事先预备好八份合同，在酒席间便将合同签好了。尽管老板签好合同，但下面在具体运作时广告费可能会被拖欠，这时广告公司便会代客户去收取广告费，再在其中抽取佣金。每家药业公司在每期报纸上登广告一格，“计费四元，全年五十二期，一共二百元，八份合约即可收取一千六百元”，这对于一份报纸来说，是一笔相当可观的运营资金了。

1943年，联合广告公司扩展其业务版图，向王万荣的荣昌祥广告社投资2.5万元，合资成立荣昌祥股份有限公司，成为1940年代规模最大的路牌广告公司，几乎包揽上海的全部路牌广告。

---

① 平襟亚，陈子谦.上海广告史话.上海市文史馆，上海市人民政府参事室文史资料工作委员会.上海地方史资料（三）.上海：上海社会科学院出版社，1984：140.

（2）规模最大的广告部

联合广告公司广告部在当时广告设计机构中规模最大，广告画制作人员经常流动，基本规模保持在 15 人左右。

曾在英美烟草公司任职的王鷽（莺）为联合广告公司的广告部主任，王鷽（莺）依照英美烟草公司广告部的架构来组织联合广告公司广告部，专设图画部。由于公司业务广泛，图画部根据画种设有黑白广告画部、彩色广告画部和广告牌部等部门，另外还有专写广告策划与宣传文案的工作人员。

图 2-21 1939 年联合广告公司图画部部分职员合影

当时联合广告公司的广告画家阵容强大，有马瘦红、张子衡、张以恬、钱鼎英、陈康俭、黄琼玖、周冲、柴扉、胡衡山、王通、张雪父、陆禧逵、张慈中、夏之霆和丁浩，共 15 人[①]。除此之外，周冲、汪通、叶心佛、方成、陆允龄[②]等人也曾在联合供职[③]。

---

① 丁浩 . 上海：中国早期广告画家的摇篮 // 上海广告年鉴编委会 . 上海广告年鉴 2001. 上海文艺出版社，2002：149.

② 丁浩写《请张充仁教雕塑系》一文，提及陆允龄 1935 年来联合广告公司工作，陆提及其与张充仁一起在土山湾画圣像出身。（丁浩 . 美术生涯 70 载 . 上海：上海人民美术出版社，2009：40.）

③ 徐百益 . 广告实用手册 . 上海：上海翻译出版公司，1986：55.

这些设计师中既有从国外留学回来的设计师，如黄琼玖与陈康俭曾留学美国，黄琼玖是女设计师，她于 1939 年从美国回来后在联合任职；也有从上海的美术院校毕业的设计师，如柴扉（1902—1972）毕业于上海美专，陆允龄在土山湾习艺；另外还有像丁浩这样由广告公司练习生起步的广告画家。这些由广告公司练习生起步的广告画家可谓“草寇英雄”。丁浩在当练习生的时候极为勤奋，陈康俭指点过他，黄琼玖从美国带回《人体结构和解剖》，丁浩为了学好人体画，全部用拷贝纸勾描下来。功夫不负有心人，后来丁浩凭借其所画的美女形象在上海黑白广告画界声名远扬。

广告部还聘请了专业撰稿人二三人，徐百益（1911—1998）便是其中成长起来的广告撰稿人。他从 1930 年起到 1941 年在联合任职，1934—1935 年间先后在英国狄克逊广告学院和班纳德学院专门研修广告学，1936 年在联合广告公司的平台上主编《广告与推销》杂志，先后加入英国广告协会、国际广告协会、美国市场营销协会、美国公共关系协会等。最早的《中国广告简史》便由徐百益写于 1985 年，还在国外发行了英文版。

（3）设计师的成长与薪酬

联合广告公司采用合理的激励机制，按公司每月业绩考核分红，以增强企业活力。据徐百益回忆，“初级职位月薪 30 元，营业部主任的月薪为 100 元外加营业毛利提成，而客户经理和图画部主任则是月薪 260 元外加分红。”① 据丁浩回忆，职员里有从美国回来的（陈康俭），有师傅带徒弟带出来的，也有从上海美专毕业的。丁浩先是当了两年实习生（实习生的工资是 8 元），实习生由公司供吃供

① 张树庭 . 广告教育定位与品牌塑造 . 北京：中国传媒大学出版社，2005：221.

住，每天五点钟下班，一天要画好几张画稿，工作量大，较为紧张，实习期满后成为小职员。

公司不允许图画部员工在广告画上署名，担心广告画家名气一大便会离开公司，想要留住人才。而丁浩之所以在上海报界出名，是因为这个原名丁宾衍的青年为了补贴家用，在联合广告公司任职的业余时间为其他小广告公司画稿时署名"丁浩"而一炮打响了名声。丁浩 22 岁时工资已是全公司广告画家中最高，"大洋一百多一点"。

（4）大公司与小门户

日本侵华之后，上海整个广告业界都受到打击，抗战期间生意冷淡。1937 年陆梅僧所住的大夏大学新村居宅被日寇炸毁，自身受重伤。各大广告公司由于业务下降也难以维持原先的规模与效益，业已成长而具有实力的联合广告公司的员工也陆续离开大公司而自立小门户。

丁浩 1942 年离开联合广告公司，先是和蔡振华加入之前的联合同事俞惠东、徐百益组织的"惠益广告公司"，为几个小广告公司提供画稿。抗战胜利后，丁浩又单独以"丁浩画室"开业承接设计稿件。华商广告公司的图画主力庞亦鹏离开华商自创"大鹏广告社"后，林振彬还请丁浩去华商兼任图画部的主任。陈康俭后来离开联合，担任南洋兄弟烟草公司广告部主任，并从联合广告公司拉去王通，从英美烟草公司拉去唐九如，形成广告创作团队。

（5）以欧美机构为主导的广告设计机构体系

除了联合广告公司与华商广告公司之外，四大广告公司中的克劳广告公司与美灵登广告公司均由外国商人创办，由于老板不同的行业背景而具备一定的业务能力。

克劳广告公司在上海创办于 1920 年左右，老板克劳曾为新闻记者，对广告运作十分熟悉，公司的主要客户有中国肥皂公司、波罗笔尖等品牌与产品。与华商、联合一样，克劳广告公司也培养了一批兼具设计、策划能力与业务能力的人才，如柯联辉、特伟、胡忠彪、周开甲等人[①]。柯联辉于1918年进入克劳广告公司，1921又去了法商法兴印刷所的广告部，1924自己创办联辉广告社，后来成为上海以喷绘著称的“柯家班”的发起人。特伟、胡忠彪等人离开克劳广告公司后，也都在上海商业美术界闯出一片天地。

美灵登广告公司是由英国人美灵登创立的，美灵登原是华童公学的童子军教练，刘鸿生等人为公司董事。该公司主要承接路牌广告，并且承包了上海电话公司的电话号簿广告，撰稿人为韦应时，委托俄国画家设计广告画稿。日伪时期所有英美资本撤出上海，日本人接手后将其改为“太平广宣公司”[②]。

相对于华商和联合，克劳和美灵登的画家流动性较大，并没有形成稳定的设计团队。上海的这四大广告公司“都带有美国式”的工作模式，“主要表现在重视广告撰稿人和广告画家”[③]。

除了四大广告公司之外，王梓濂创办的维罗广告社在上海也具有较大的影响力，卜内门、信谊药厂等化工与药业系统企业是维罗的固定客户。曾在维罗任职的广告画家有蒋赖英、沈凡（漫画家，短期在任）、王逸曼、周守贤等人。随着信谊药厂的规模扩大与产品竞争的需要，王逸曼、周守贤后来便从维罗转到信谊药厂的广告部任职了。专业广告公司与企业内部的广告部门之间经常有设计人员进出与流动，可见产业发展与广告业务之间密切的关联性。

---

① 徐百益.广告实用手册.上海：上海翻译出版公司，1986：55.

②③ 徐百益.广告实用手册.上海：上海翻译出版公司，1986：55.

2.3.3　留学潮：艺术理想与设计经验的移植

2.3.3.1　心态与身份的转变——主动向西方学习

从自诩宅兹中国的"唯我独大"，到承认是世界一员的"东亚病夫"，从官方到民间，中国各个社会阶层对于国际关系与世界局势发生观念转变的核心原因是政治上主权丧失与经济落后被压榨。随着鸦片战争、甲午中日海战等战事失利，中国与列强签订割地赔款条约的屈辱历历在目，屡战屡败的中国政府才深切意识到自身与列强的差距，在中国本土兴办洋务的同时，也鼓励中国人往外走去看世界，促成了中国近代史上的第一次留学潮。

1872 年，中国向美国派出第一批留学生，容宏挑选的三十名幼童远赴重洋，以詹天佑、欧阳庚为代表的一批留学生前往美国学习科学技术。1896 年，中国首次向日本派遣了 13 名留学生。1903 年，中国学生留日达到高潮。西方的教育系统向中国开放，希望走出国门的中国人将西方的政治、经济和社会制度移植到中国本土，这从长远来看，有利于西方对东方的渗透、同化与管理。从另一个角度来看，西方现代社会制度、文化和技术所具有的感召力与冲击力，影响着这一批走出国门的学子的世界观、价值判断与思维模式。

留学归国的学子只有成功介入主流社会之中，才能学以致用，在各个社会领域发挥自身专长。无论是学科学、文学、艺术、技术、广告、还是经济，这一批留学归来的人才，他们迫切需要面对的问题是如何将从西方学来的知识和中国本土社会的文化、经济和产业现实之间对接。学成回来的一批批留学生改变了社会各领域的固有面貌，詹天佑等工程师们回国后投身于国家的铁道交通运输建设，范旭东等学习化学工业技术的学者在中国建立能与西洋化工企业相抗衡的中国化工产业。一些在海外学经济、学管理的留学生，回国后投身于设计管理，由于看到国外广告业的发达，积累亲身实践经验后回国开办广告公司，对设计的产业化运作形成了重要的推力，如：联合广告公司的创办者陆梅僧原本学经济和管理，回国却转向广告业；而创建华商广告公司的林振彬则是以广告学与心理学为专业方向。

除此之外，还有一批主动奔赴欧美与日本探求艺术创作方法、汲取艺术与设计养分的学子，他们回国后在不同层面上从事多种形式的商业美术实践。现代设计作为一种新兴的社会现象在上海出现，也与这一批主动向西方学习的海外学子有着深层的关联。

2.3.3.2 作为艺术熔炉的上海滩

“繁荣的、世界主义的上海，很自然地变成了中国现代平面设计的中心。1920年代到1930年代之间，广告的风靡以及书籍和杂志的大量出品，产生了对设计者的新要求。一种与众不同的上海风格形成了。它源自许多出处——首先是中国古代主题、日本现代装饰艺术，以及1925年巴黎装饰艺术展览会以后风行欧洲的装饰艺术运动。装饰艺术运动的风格化以及对于形和空间的变形处理，与中国传统设计中的抽象因素能够很好地结合在一起，并刺激着印刷工艺的大胆实验以及对于汉字的创造性运用。”①

上海是中国早期的留学生走向世界的跳板，来自全国各地的留学生先在上海补习语言，再奔赴世界另一端的目的地；上海在接纳各国商船货品停泊登岸的同时，又是全球最时新的资讯、知识与经验在中国初次登陆的湾埠。正如苏立文在《20世纪中国艺术与艺术

---

① 苏立文.20世纪中国艺术与艺术家（上）.陈卫和，钱岗南，译.上海：上海人民出版社，2013：100.

家》一书中所描述的，世界主义的上海像个大熔炉，20世纪初在上海频繁发生的中西文化交流使上海设计在20世纪初期形成了独特的风格，成为一种引领中国时代潮流的现象。中国现代设计自诞生之日起，便一直面临传统与现代、东方与西方的碰撞、较量与融合。考察现代设计在中国发生的根源，一方面需要追溯西方的、外来的影响，这些外来因素从各方各面作用于不断变化更新的设计现象；另一方面，外来文化因素的渗透，中国本土文化的接受与调整，两者之间是交织着往前发展的，将其截然分开去叙述显然不太可能，也不甚合理。这两者就如同物理学中的作用力与反作用力，同时存在而又同时发生，最终在别开生面、兼容并包的海派文化景观之中造就了中国现代设计的独特面貌。

2.3.3.3 留学生的实践与理想

许多实业家选择上海作为产业开拓与财富积累的冒险岛，不可胜数的艺术与文学探索者也纷纷选择上海作为工作生活的理想之地。一批负笈海外，带回欧美与日本艺术与设计经验的留学生在上海扎下根来，开启毕生的艺术探索。

1905年，李叔同东渡日本学习西洋绘画与音乐；1917年，关良赴日本留学；1919年，林风眠赴法留学，1925年回国；1922年，闻一多前往美国芝加哥艺术大学留学，三年后学成（1925年）回国。刘海粟、陈之佛、李毅士、林风眠、江小鹣、柳溥庆、庞薰琹、潘玉良、关紫兰……留学海外回到上海开拓艺术事业的艺术家数不胜数，许多艺术家在不同程度上参与了各个领域的商业美术活动，如书籍装帧设计、染织设计、室内设计、广告设计、包装设计等。

当艺术家尝试在商业美术环境中有所作为时，那些高于产业需求的、更为理想化的、寻求艺术与设计的精神实现与创造自觉的设计创意与设计观念，在商业环境中却屡次碰壁。

1. 陈之佛：艰辛的“尚美”之路

陈之佛是第一个在国外学习作为“设计”代称的“图案”专业的留学生。

中国留学生向外学习设计的意愿，也是在中国产业的现实境遇中生发的。中国工业制品由于设计人才的缺乏而呈现出明显落后于欧美和日本的面貌，而中国设计人才的缺乏，又使产业不得不向欧美和日本重金聘请设计人才或购买设计成果。陈之佛早年就读于浙江工业学校的机织专业，这个学校与当时江浙一带的工厂形成了紧密的联系，对当时工业的发展起促进作用。机织业的发展大大增加了厂商对于图案的需求，而本土图案设计的人才稀少，不得不向日本商人高价购买机织图案。受产业现实的刺激，1916年陈之佛毕业之后留校任教，1917年受同校执教的日本专家名管正雄的影响与指导，编写出一册《图案学讲义》，并萌生了到日本学习图案的想法[①]。1918年，陈之佛东渡日本，1919年作为“特招生”考入东京美术学校的工艺图案科，当时与陈之佛同一时期在日本学习美术的有“汪亚尘、谭华叔、周天初、王道源、卫天霖、丁衍庸、陈抱一等，而专学图案的，只有陈之佛一人。”[②]

20世纪初的日本已经有了较强的设计意识，日本设计的产品也在中国市场上倾销。图案（工艺美术）设计与产业密切结合，日本为了保持本国工业产品的优势，一般不招收外国留学生学习图案（工艺美术）设计专业。陈之佛既是第一个，也是当时唯一一个学工艺

① 陈传席，顾平．陈之佛．石家庄：河北教育出版社，2002：8.

② 陈传席，顾平．陈之佛．石家庄：河北教育出版社，2002：9.

图案的留学生，师从在日本有"图案法主人"之称的工艺图案科的主任岛田佳矣教授。

1923年，学成回国的陈之佛在上海东方艺术专门学校担任图案教授，并且在上海福生路德康里二号开办了"尚美图案馆"，这个机构在创办时困难重重，原本愿意提供资金的合伙人由于对图案事业缺乏信心而中途退出并抽走资金，陈之佛一方面筹措资金，一方面负责起图案馆的教学任务。"为应急之需，陈之佛深深感到，图案馆的人才培养不可套用国外模式，因此教学中他将学生学的知识直接与各厂生产实际结合起来，绘制应用图案纹样，并作意匠设计，效果颇为理想，深受厂家欢迎。尚美图案馆培养人才的成功引起了各界重视，随后各艺术学校纷纷效仿开设图案课程，有的直接成立图案系、科，这一现象的出现大大促进了我国工艺图案事业的发展，无疑陈之佛具有开启之功。"① 然而，由于厂商盘剥而负债累累，再加上北伐战争使社会动荡无序，1927年，尚美图案馆的业务全部停顿。

除了陈之佛，一批在外国学习西洋美术归来的学子也投身于染织产业的设计之中，如李有行担任上海美亚绸厂的设计师，柴扉同时为多家印染厂和丝绸厂提供图案设计②。

尚美图案馆是一个具有现代设计意识的独立设计机构，"不仅是一件旷古未有的新事物，体现着全新的设计思想，而且标志着生产中设计与制造的分工。"③ 然而，从1923年创立"尚美图案馆"，到1927年尚美图案馆因为厂商盘剥负债而被迫关闭，陈之佛的努力

① 陈传席，顾平．陈之佛．石家庄：河北教育出版社，2002：12.

② 夏燕靖．陈之佛创办"尚美图案馆"史料解读．南京艺术学院学报（美术与设计版），2006（2）：160-167.

③ 张道一．尚美之路——代序//李有光，陈修范．陈之佛文集．南京：江苏美术出版社，1996：2.

与探索，从一个侧面反映与产业结合的设计理想在当时中国似乎走不通。取名“尚美”，崇尚审美——在中国落后的民族工业中呼吁把工业生产和对美的崇尚与追求结合起来，这样的观念在当时的中国社会显得过于理想化，“可惜那时的企业家眼光短浅，经营手段陈旧，缺乏现代经济思想，只图花样的模仿和拼凑，不肯在产品的艺术品质上投资”①。厂商不肯在产品设计上投资，想方设法压低图案设计的价钱，意味着设计机构所投入的劳动无法得到认可并获得应有报酬，“设计”不过被视为对产品的美化，并不具有决定性作用。“设计”成为一种得到认可的劳动和职业仍有漫长的征程。一方面，与产品设计结合的设计师的职业化很难实现，但另一方面，广告公司、月份牌画室的繁盛，又反映产品推广设计在上海已经形成有一定规模的设计业态。

2. 庞薰琹：工商美术是否应向客户妥协？

庞薰琹（1906—1985）是现代美术运动“决澜社”的关键人物，他于1925赴法国留学，先后在巴黎叙利恩绘画研究所（1925年）和巴黎格朗德·歇米欧尔学院（又译大茅屋学院，1927年）学习西洋绘画。1930年初，庞薰琹从法国回到上海，“当时一个画油画的人，除了到学校去教画以外，就没有其他谋生的办法。”②艺术家一回国就是个失业者，如何在上海找到工作谋生是个严峻的问题。庞薰琹原希望在杭州美专谋得教职，求职未成后决定靠自己能力谋生。他一方面与朋友组办社团，一方面也接受社会上的委托作画。他在自传《就是这样走过来的》中讲了一个令人哭笑不得的故事：一位

① 张道一．尚美之路——代序//李有光，陈修范．陈之佛文集．南京：江苏美术出版社，1996：2.

② 庞薰琹．就是这样走过来的．北京：三联书店，1988：151.

银行家请庞薰琹根据一张发黄的全家合影为他过世的夫人单独画像，照片中这位夫人的头像只有黄豆点那么大，银行家的家人陆续来看庞薰琹的创作，并且每个人都提修改意见，庞薰琹最后恼火地声明如果仍要修改，他宁愿不要润笔，把这张画留为自己的创作作品。结果无奈的银行家马上派人送来原定的两百元酬金，把画取走。

这件事使庞薰琹决心再不根据照片画像，也意识到在当时的中国，靠卖油画谋生难以实现，于是他开始画包装和广告，并和周多、段右平等人筹划创建"大熊工商美术社"。但是，从他接第一个广告业务开始，艺术家与设计师这两种职业之间在磨合上便困难重重。庞薰琹这样回忆他所承接的设计业务：

"第一次设计的包装是雷康鸡蛋，每十二只一匣。第一张广告画，也是一个公司的广告，好像是什么大北电气公司。有一个中国公司也要求我画广告，可是他提出的条件是二十几个商标全都要画上，我拒绝了。我并且事前提出，'设计后不修改，不用我也不收设计费。'同时我又开始搞书籍封面设计。我设计的第一本书的封面是《诗篇》，第一本杂志封面是《现代》。"[①]

他对商业美术的看法与他的做法密切相关，他不愿意与客户协商修改画稿，他所拒绝的恰恰是与艺术理想难以协调的现实设计需求。庞薰琹期望创作的自由度，美灵登广告公司请他去当设计师，他拒绝了；对创作内容他坚持自己的原则，有人请他画裸体美人的月份牌广告画，他拒绝了；对于作品的使用环境他也很在意，用于蒋介石公馆的委托任务他也敢于拒绝。

自传里谈及1933年庞家"年关难过"，郎静山亲自登门来追讨

① 庞薰琹．就是这样走过来的．北京：生活·读书·新知三联书店，1988：165.

静山广告社为‘决澜社’开展览会登广告的费用。当时大家日子都很艰难，庞请郎稍坐一会，自己从家中后门出去向几个邻居家借钱，再到小烟铺将零钱换成整钱交给郎静山。

当时在上海还有很多与陈之佛、庞薰琹同样留学归来有着理想抱负的艺术家，如李毅士，他于1925年成立“上海美术供应社”。这些艺术家在艺术创作上大获成功，却难以胜任商业美术，正是因为设计特有的规定性：设计既需要与客户沟通，也需要与消费者沟通；设计既需要有新意与美感的画面形式，又要兼顾功能与技术实现。

3. 学广告与学印刷：市场需求与技术实践

徐百益17岁进入《申报》馆经理张竹平所办的联合广告顾问社工作，早期每月工资30元，社里解决一顿中饭。1930年联合广告公司创立后他便转入该公司外商部工作。由于徐百益具备良好的英语功底，在协助陆梅僧与外国书信往来的打字工作中学习英文书信格式与表达方式，阅读国外广告书籍，比较国外广告公司与联合广告公司的组织形式写出建议书，老板们看后大为赞赏，因而工资提高到60元。徐百益思索并钻研广告词的创作，由于工作任务繁重，经常工作到深夜，想出来不少好点子与好创意。他后来到英国的狄克逊广告学院与班纳德学院专门研修广告，并将所学广告知识与在联合广告公司的广告词撰写、图画部管理等实践工作结合起来①。1941年，在联合工作十年之后，由于希望加薪的要求未被老板接受，徐百益与负责业务的俞蕙东两人决定自创“惠益”广告公司独立承接广告业务。自办广告公司的经历坎坷而充满挑战，徐俞二人后因

---

① 徐百益. 八十自述：一个广告人的自白 // 中国广告人风采. 北京：中国文联出版公司，1995：6-7.

意见不合而分家，徐百益又创立“益丰行”自行经营广告与印刷。同年 12 月，徐百益发出的申请被英国广告顾问协会接收，成为第一个加入国际设计组织的中国人。在广告行业多年广告撰稿与业务接洽经验使徐百益深入了解市场需求与业务情况，早期为联合广告公司争取重要业务并提升公司效益，后期则是为自己的独立广告代理机构争取生存与发展空间。

与出国留学专修广告学的人才一样，留学专攻印刷专业的技术人才也为中国印刷业输入了新知识与新技术。由著名书法家唐驼资助的两位从事印刷技术的青年沈逢吉与柳溥庆便是技术留学的典型。沈逢吉（1891—1935）留学于日本凸版印刷株式会社，跟随名家细贝为次郎学习雕刻制版技术，学成回国后先后在北京财政局、中华书局等机构的印刷部门担任要职。柳溥庆（1900—1974）早年在中国图书公司印刷铸字部、商务印书馆图画部跟随徐咏青学习绘画，在印刷所当学徒，跟随美国技师海宁格学习平版印刷术，1924 年赴法勤工俭学，先后在法国里昂国立美术专门学校（1924—1926）、巴黎高等美术学校（1926）、巴黎印刷学院（1927 年，在史料中也记为“巴黎爱司寄盎纳学校”）和俄罗斯莫斯科美术学院学习绘画与印刷技术，成长为中国印刷事业的专门人才。他曾在三一印刷公司任职，对《美术生活》的编辑和印刷工作起重要作用。柳溥庆由于与三一公司老板金有成在抗战上观点不合，离开三一后自己开设华东照相制版印刷公司与华东美术印刷传习所，在承接上海的工商业印刷订件的同时，也为地下党的革命活动提供了重要的印刷技术支持[①]。

---

① 柳溥庆在新中国建立后担任中国人民银行总行总工程师兼北京印刷技术研究所所长等职，为共产党的印刷事业贡献了一生的精力与智慧。

在20世纪初商品经济繁荣的社会环境中，管理者或设计者是否具备业务能力是一个设计机构能否存活的关键性因素。学广告的徐百益与学印刷技术的沈逢吉、柳溥庆，既与商业密切联系，又与生产制作密切联系。他们的工作更贴近于社会生产的现实的一端，离艺术理想与个性追求相对更远一些，因而所创办的独立机构比以追求艺术理想为己任的艺术家所创办的机构，存活的可能性相对要大得多。

2.4 20世纪初企业内设计机构概览

2.4.1 产业内的设计：资本、人才与技术优势

广生行由于企业内部设计部门的资源与能力的缺乏，与关蕙农、郑曼陀、杭穉英等月份牌创作机构形成委托设计的业务关联，正是与广生行这样一些中小型企业之间的设计合作促成了20世纪初期上海商业美术机构的专业化发展。这些中小型企业中既有专门从事综合类型的广告代理公司，也有专职于某一设计领域的独立设计机构。在这个过程中，当时设计师的重要指称——“商业美术家”这一职业身份的内涵也逐渐明确成型。由于产业激烈竞争的商业宣传需要，活跃在上海的部分商业美术家直接服务于资本雄厚的大型企业。为了抢占广大的消费市场，某些大型外资企业在行业上处于垄断地位，而与其竞争的中国民族工商企业也不甘示弱，出于广告业务的连续性、便捷性、时效性等方面的考虑，资力优厚的大型企业一般会成立专门服务于自身产品的企业内设计部门或相关机构。

烟草行业是发行月份牌数量最多的行业，也是最先成立企业内设计机构的行业之一。英美烟草公司和与其竞争的民族品牌南洋兄弟烟草公司、华成烟草公司在机构内都设有广告设计机构。各大百

货公司也都设有专门的广告部和橱窗设计部门，以服务于他们的日常商品宣传与展示需要。大型的药业机构也设有服务于药品包装与广告宣传的广告部。

大型企业凭借其雄厚的资本优势为企业的包装设计与广告提供资金支持，在采用新技术上具有优势，形成"创意—设计—生产制作—营销"的连续性，英美烟草公司的广告部便是一个典型的例子。

2.4.2 产业、商业与设计：英美烟草公司广告部

英美烟草公司是20世纪初在中国具有代表性的大型外资企业，这些具有托拉斯组织性质的大型企业因外国与中国签订的不平等条约而享有政治与经济特权，采用产供销合一的运营方式在中国攫取巨额利润。

"英美烟公司在1920年成立之后，在中国生产品海牌、脚踏车牌、三炮台牌、红锡包牌、海盗牌、哈德门牌等香烟，约占中国香烟总销量的三分之二以上，几乎垄断整个中国的卷烟市场。……20世纪前半叶，在中国获得利润达四亿美元之巨。"①

纵观上海20世纪初期的各式广告，其中最为盛行的是烟草行业的广告。烟草公司设立广告部门，为自身的广告宣传活动服务，以英美烟草公司的广告部门设立最早、规模最大。

2.4.2.1 英美烟草公司广告部的组织架构

英美烟草公司于1902年进入中国，1910年率先成立广告部。早期的英美烟草公司与上海专营广告业务的机构合作，如1914年成立的闵泰广告社，曾专门承接英美烟草公司的路牌广告，后来，公

---

① 张燕凤．老月份牌广告画上卷论述篇．台北：汉声杂志社，1994：67.

司内部广告部门功能日渐完善，自身的各项广告业务需求得以满足。

为了适应中国地缘辽阔的实际情况，英美烟草公司在全国设立“部、区、段”层层分级的营销管理系统，深入到广大农村地区[①]，广告部是这个系统的重要组成部分。据《颐中档案》记载，英美烟草公司在上海设立广告总部，其他各城市也设有部级广告部，形成全国范围内的广告部组织网络，除了发放各种宣传品之外，还进行市场调查，反映烟草市场上的供需信息。广告部的创作也根据这些市场反馈信息，敏感响应民众的心理需求，拟定或调整广告题材[②]。

上海的广告总部下面分设广告学校和技术部，办事处有外国办事人员两三人，中国办事人员六七人，另外还雇有三四个勤杂工。广告部下设图画部、橱窗陈列部、动画绘制所和印刷公司[③]。

图画部是广告部中规模最大、体系完整和分工明确的一个部门，下面专辟一小节详细分析。

橱窗陈列部负责设计各大商场的橱窗广告和商品陈列，既聘有专业人员，也招收学徒（练习生）。据经济管理专家孟东波回忆，他于1929年进广告部的橱窗陈列部，当了6年学徒（练习生），为胜任业务需掌握电工、漆工、木工等工种，还要求学会英语，于是他便到基督教开办的英语夜校学英语[④]。练习生工资微薄，生活艰苦。

---

① 张仲礼．旧中国外资企业发展的特点：关于英美烟公司在华企业发展过程和特点//张仲礼．张仲礼文集．上海：上海人民出版社，2001：287.

② 根据《颐中档案》，1934年，英美烟公司改名为颐中烟公司，载于《英美烟公司资料汇编》。

③ 平襟亚，陈子谦．上海广告史话．上海市文史馆，上海市人民政府参事室文史资料工作委员会．上海地方史资料（三）．上海：上海社会科学院出版社，1984.

④ 朱昱鹏．经济管理志家孟东波//中国人民政治协商会议无锡市锡山区委员会．锡山名人（下）．南京：凤凰出版社，2009：459.

动画绘制所专门负责设计电影动画片广告及幻灯片广告。

英美烟草公司的印刷厂拥有当时最先进的彩印设备，1911 年于上海浦东建立印刷厂，1913 年在上海通北路建立"首善印刷公司"。除上海之外，该企业先后在汉口、沈阳、天津和青岛建印刷厂[①]，满足英美烟草公司所有需要批量印刷的广告业务需求，还有能力承接一些外来业务。

除此之外，英美烟草公司在浦东的烟草厂也设有绘画部，1920 年左右还设立美术学校。

2.4.2.2 图画部的设计协作系统

图画部人员规模庞大，部长为英国人（名为邦基[②]），既有德、俄、日、瑞典等国籍的绘图人员，中国的绘图人员也多达二三十人，既聘有全国知名的画家，也招收练习生。胡伯翔、张光宇、丁悚、梁鼎铭、倪耕野、张正宇、丁讷、杨芹生、杨秀英、殷悦明、马瘦红、吴炳生、唐九如、王鷃（莺）等人都曾在此任职[③]。这些画师分为高级画师和普通画师。画师之间分工明确，享有不同的薪酬待遇。

图画部的画件包括月份牌、月历、大小招贴和传单、画片、西洋风景画、中国山水画、油漆路牌等[④]。

英美烟草公司广告部的月份牌制作精良、程序与分工清晰明确。画师们各司其职，以流水线合作的方式来完成每一幅月份牌的整体画面。胡伯翔是当时上海美术界的著名画家，图画部高薪聘他为高

---

① 范慕韩 . 中国印刷近代史初稿 . 北京：印刷工业出版社，1995：158.

② 陈子谦，平襟亚 . 英美烟公司盛衰上海滩 . 纵横，1994（5）：143.

③ 徐昌酩 . 上海美术志 . 上海：上海书画出版社，2004：112.

④ 平襟亚，陈子谦 . 上海广告史话 // 上海市文史馆，上海市人民政府参事室文史资料工作委员会 . 上海地方史资料（三）. 上海：上海社会科学院出版社，1984.

图 2-22 胡伯翔的月份牌画

级画师，绘制山水风景题材的月份牌。他擅长综合应用中国山水画和西洋水彩画技法来绘制月份牌主体人物，再由其他画师配上边框装饰、美术字和营销商品图样。梁鼎铭、倪耕野等画家的工作也是画月份牌的主体画面内容。

张光宇和张正宇兄弟早年也曾在图画部工作。张光宇早年跟随张聿光学画舞台布景，在孙雪泥的生生美术公司创办的《世界画报》担任美术编辑，于1921—1925年在南洋兄弟烟草公司担任绘图员，于1927—1933年在英美烟草公司的广告部任职。由于年纪尚轻的张光宇擅长绘制装饰图案，他的工作便是为胡伯翔等名画家的月份牌主体画面配绘边框装饰。

丁悚擅长黑白人物画和漫画创作，在图画部也从事此类设计。据丁悚儿子丁聪回忆，丁悚每月固定工资足以养活一家人，每天定时上下班，上班时间完成工作量后可以干“私活儿”，为其他报刊画漫画，平时在家几乎不画画，偶尔某个星期天画一张[①]。于是，在当时畅销上海的《礼拜六》《世界画报》等流行刊物中经常可见丁

① 丁聪.转蓬的一生//范桥，张明高，章真.二十世纪文化名人散文精品：名人自述.贵阳：贵州人民出版社，1994:493.

悚设计的封面图画。丁浩回忆中，英美烟草公司广告部的工作量相比联合广告公司则要轻得多，通过丁聪的回忆也可相互印证。

丁悚的弟弟丁讷专门绘制黑白广告画稿的烟听、烟盒等商品，与丁悚的黑白人物画相配合。

广告部另外还雇有画家专门写美术字，如画家杨芹生专职写外文美术字，他写的小英文字光滑清晰的程度几可匹敌后来的照相排字[①]。

根据英美烟草公司 1928 年的工作月报、广告人员支取绘画工具材料表及工资表，有研究者算了一笔账，根据普通画师杨秀英每月的工资约 65 元，每张烟画画稿的费用约为 40 元，高级画师胡伯翔的工资为 275 元[②]（而丁浩回忆称胡伯翔一个月的工资是 500 大洋），一年的任务是完成一张大月份牌[③]。

在 20 世纪初全球空前膨胀的商业文化与消费主义氛围中，福特开创的流水生产线大大提高生产效率，广告部流水作业、分工配合的方式，一方面提高了广告设计的工作效率——由于产业竞争发展的环境中的设计需要，企业内部的设计部门具有灵活的应变能力，是从西方广告设计机构的管理经营模式中脱胎而出的设计机构；另一方面，这也体现了商业设计与艺术创作截然不同的工作状态和内容，设计师成为"机械化"设计中的一个"零部件"，受限于稳定的雇佣契约关系，大部分广告画家的创造性似乎无法充分释放。也

① 丁浩．将艺术才华献给商业美术 // 益斌，柳又明，甘振虎．老上海广告．上海：上海画报出版社，1995：17.

② 烟画的设计与出品.［2014-01-23］http://www.tobaccochina.com/zt/picture/knowledge_02.html.

③ 丁浩．将艺术才华献给商业美术 // 益斌，柳又明，甘振虎．老上海广告．上海：上海画报出版社，1995：17.

正是这个原因，一些有抱负的可造之才志不在此，渴望脱离这样的创作机制。张光宇便不甘于一直为他人的月份牌配绘边框装饰，1934年张氏兄弟离开英美烟草公司加入邵洵美的时代图书公司，全身心投入杂志编辑和漫画创作工作。

与英美烟草公司展开激烈竞争的民族烟草企业也纷纷效仿英美烟草广告部的形制，设立相关广告设计机构。南洋兄弟烟草公司广告部早期由唐琳负责，华成烟草公司（生产美丽牌和金鼠牌香烟）则聘有张荻寒（早期服务于商务印书馆）、谢之光、张雪父、江逸舟等画家为其创作月份牌和报刊的黑白广告画。

2.4.2.3 日化等产业中的设计机构

化学工业与制药业是20世纪前后在中国出现的新兴产业。化学工业包括了制盐、制碱、橡胶、油漆以及日用化学工业等门类，这些行业与烟草业一样存在激烈的竞争，涌现了一批优秀的民族实业家与民族品牌。在日用化工领域，除了广生行之外，方液仙创办的中国化学工业社生产“三星牌”牙膏、蚊香等产品，顾植民的富贝康生产“百雀羚”化妆品，陈蝶仙的家庭工业社生产“无敌牌”牙粉。除此之外，制药行业也涌现出五洲大药房、新亚药厂、信谊药厂等与国外药商相抗衡的中国企业。其中的大型企业也会设立广告部服务于自身的产品设计与广告宣传。企业内部设计部门的运作方式与独立设计机构不同，是作用于日化与制药等产业的另一种“设计体制”。

方液仙创办的中国化学工业社专门引进了软管机器，成功试制了中国第一支国产牙膏——“三星牌”牙膏，在产品包装和广告上都颇费心思，归因于中国化学工业社广告部集结的一批广告人。方液仙早期专门聘请《大美晚报》编辑吴松庐兼任中国化学工业社广

图 2–23 三星牙膏广告，李咏森、张乐平等人创作，1930 年代

告科科长，设计别出心裁的奖券广告，名为"玻璃管里的秘密"[①]，这种奖品广告的创意极大地促进了牙膏销售。后来，李咏森担任中国化学工业社广告部主任，广告部还有张乐平（1934 年进社画广告长达一年）、高奎章（苏州美专毕业）、张益芹等人，为"三星牌"蚊香、牙膏、花露水等产品做广告宣传。张乐平后来成为独具一格的漫画家，《三毛流浪记》的创作风格在为中化社服务时便已有所彰显了。当时在中化社当科员的张乐平，为"三星"牙膏创作许多幽默广告，对国货牙膏的消费起重要促进作用。

信谊药厂原先委托维罗广告公司为其代理广告业务。业务扩大后，原先在维罗广告公司为信谊药厂设计广告画的王逸曼、周守贤也被请到药厂组建广告部，又充实了四五人，广告部形成一定规模。此外，中法药房有赵乐事，中西药房有赵吉光，新星药厂则有蒋东籁。

另一药业巨头——新亚药厂则请来丁悚担任设计顾问，从五洲药房请来王守仁当广告部主任，许晓霞、陈青如、江爱周、李银汀

① 马学新，曹均伟，席翔德 . 近代中国实业巨子 . 上海：上海社会科学出版社，1995：274.

等人均曾在此任职从事设计[①]。后来成为新中国日化产业设计带头人的顾世朋，最早便在新亚药厂当学徒，跟随丁悚等人学画，铺垫下设计的因缘与基础。

2.5 设计机构的竞争、管理与协作

2.5.1 市政管理与相关法规

上海“三界四方”[②]的格局将城市划分为华洋对立的多片区域，产生“局部有序而全局无序”的怪现象：租界与华界各有规定，在市政管理与法规制订上都存在不同程度的差异。“租界”是西方列强势力对上海进行殖民统治的产物，中国的现代物质文明与意识形态、市政管理与相关基础设施在租界中最早出现。“移民”的到来则使来自异国他乡的各式人群在上海呈现华洋杂居的复杂局面，折射出本土文化与外来文化因素之间产生激烈碰撞的人文结构。林林总总的政治、经济与文化因素在为上海的社会管理带来混乱难题的同时，也引出相对灵活的缝隙与空间，这为现代设计的发展提供了生动的环境因素。

2.5.1.1 相对自由与安全的租界

“租界”一词，既意味着摩天大楼所改变的城市天际线、先进的市政基础设施、以南京路为中心向四周辐射的商业与金融的核心地带、霞飞路梧桐遮天的法式浪漫，更代表了自由的舆论空间与出

---

① 丁浩.将艺术才华献给商业美术//益斌，柳又明，甘振虎.老上海广告.上海：上海画报出版社，1995：17.

② 上海于1848年设立的公共租界、1849年的设立法租界连同华界的南市、闸北所形成的城市区隔状态被称为“三界四方”。

版权限，更为开放自由的艺术创作空间和相对安全的城市栖居区域。

20世纪初上海杂志旋起旋灭的现象，既说明创办报刊所需手续与技术均不复杂，资金亦不难承担，也反映了当时捉摸不定令人担忧的时政状况。新闻审查严厉的时候，许多报刊难免开起了天窗，而涉及左翼或马列的言论在大多数时期都是在地下暗涌的舆论漩涡。不少进步知识分子为了言论的自由与出版的连续，纷纷选择租界作为编辑部的庇护之地，一些报刊为了更大的舆论空间，甚至请外国人来担任出版人。1925年五卅运动之后，唐钺和郑振铎创办的《公理日报》因为发表尖锐言论而被华界禁止出版，为了让报刊连贯出版，他们便向法租界巡捕房申请在租界内继续办报[①]。

租界也是财物与私产相对安全的庇护之地。1932年日军突袭上海时，商务印书馆所在的闸北沦为日军狂轰滥炸之地，邵洵美便将时代图书公司新购置的最新德国全套影写版印刷机从平凉路搬进法租界街区。1937年抗日战争全面爆发，杭穉英出于安全考虑，也将画室搬入治安设施更为完善的法租界霞飞路街区。

2.5.1.2 广告与工商管理法规

租界与华界在广告与工商管理方面，主要对影响社会风气的做法加以规禁。

1904年，清光绪三十年颁布的《商标注册试办章程》是中国近代史上第一部正式的商标法规，许多条例都为保障外商在中国投资经营的利益而设立，对中国企业的商标保护所起的实质作用较小[②]。

---

① 法帝捕房审查公理日报躲避警匪局新闻检查拟迁至法租界发行事，1925年7月9日，上海档案馆档案，U38-2-661。

② 吴国欣．标志设计．上海：上海人民美术出版社，2002：20.

1914年颁布的《筹办巴拿马赛会出品协会事务所广告法》是较早的广告法，其中介绍了各类广告的做法与注意事项[①]。南京国民政府统治期间，上海市社会局负责管理广告行业，公用局制定上海市广告的具体管理规定和具体的广告捐税率，工商部负责管理商标事项。1928年，南京国民政府划出全国注册局中分管商标注册的业务工作，专门设立商标局，隶属于工商部，并于1930年公布《商标法》与《商标法实施细则》。1932年商标局总部从南京迁到上海贵州路，颁布《商标法实行细则》。日伪统治时期则由伪社会局、伪公用局领导和管理广告行业，伪政府工商部商标局管理商标注册等相关事项。

据统计，公共租界对广告征收的税捐，1914年为95两白银，到1927年则预计征收11500两[②]。十三年间数据的悬殊变动，既反映了上海广告管理的渐趋完善，也反映了上海广告业发展的迅猛，广告设计机构如雨后春笋般层出不穷，而且提供的服务日益丰富。

1925年五卅惨案使全国民情激愤，纷纷抵制洋烟等英美商品，这为民族工商业带来了国货推广与销售的机会。上海华成烟草公司的“金鼠牌”香烟一跃登上海中低档卷烟的销售榜首，老板陈楚湘便思索让公司再出一种可与英美“白金龙”香烟匹敌的高档香烟。某日他途经照相馆时，见到大橱窗中的肖像而萌生了“美丽牌”香

---

① 徐百益．老上海广告的发展轨迹//益斌，柳又明，甘振虎．老上海广告．上海：上海画报出版社，2000：7.

② 上海民族志办公室．上海租界志，第五篇管理，第五章社会管理，第二节广告管理．[2013-12-05].http://www. shtong. gov. cn/node 2/node 2245/node 63852/node 63861/node 63962/node 64495/userobject 1ai 5804 1.html.

烟创意[1]，便委托杭稺英[2]根据这一枚小照片变化创作了"美丽牌"商标与烟盒包装，加上"有美皆备，无丽不臻"的广告词，一上市，就因为大众对国货的热情与吕美玉的名声而被抢购一空，一时风靡了上海滩，华成烟草公司也因此赚得盆满钵满。然而，这张美人玉照可大有来头，上海名盛一时的《千古恨》时装剧女演员吕美玉，是法租界公董局魏廷荣的姨太太，吕美玉便将华成烟公司告上法庭，要求赔偿其"精神损失费"并立即停用商标。杭稺英认为商标只是参照肖像而已，创作发挥的比重很大，并不承认此事。最终经过协调，华成仍然保留商标，但每售一箱（五万支）"美丽牌"香烟便提取五角钱酬谢吕美玉，逐年支付[3]。当时还没有"肖像权"一说，尚未完善的法律法规所呈现的一些真空地带，为商业美术创作提供了必要的灵活周转的余地。与此同时，美丽牌香烟也让"美人加美物"的营销方式深入人心。

2.5.2 协会、展览与行业协作

产业之中面临着激烈的竞争，从事商业美术事业的诸多机构之间也存在激烈的竞争，这在上海的广告界表现尤甚。华商广告公司的创办人林振彬在一次演讲中曾提及当时广告代理商之间的业务竞争，"出版界之广告部，与经理广告公司，关系最为密切，服务宜

---

① 周采泉. 美丽牌香烟的肖像侵权案//萧乾. 民国志余. 上海：商务印书馆（香港）有限公司，1995：59-60.

② 本人写作硕士论文时根据报刊资料认为美丽牌香烟为谢之光所设计，然而2013年采访杭鸣时老师时，他提及美丽牌香烟是其父亲杭稺英设计，他记忆亲身经历此美人头风波，由于青年学者不清楚状况而误以为此事与谢之光有关，以讹传讹，竟成事实，在此更正。

③ 蔡登山. 吕美玉：印在香烟上的名伶. 南方都市报，2011-03-29（RBZZ）.

合作。举凡广告见报之日期，刊载之地位，应用之文稿及图版校样之递送，以及送报之检寄，均须一一照订单订明之规定。尤要者，广告价目之划一，既不宜因人而有高下，亦不可在短时间内忽有增加。吾国各地报纸，广告价目往往前后相差甚远，对甲对乙常不一致。”[①]为了解决同行之间的业务纠纷，减少恶性竞争事件发生，1927年，上海维罗广告公司、耀南广告社等六家广告公司发起成立了上海的首个商业美术社团——中华广告公会，由维罗广告公司的王梓濂和耀南广告社的郑耀南担任负责人。该协会的宗旨是调解同业间的纠纷和争取同业间的共同利益。该协会在战争环境中几次更改名称，随着广告业的繁盛而发展壮大。抗战胜利之后，1950年成立的“上海市广告商同业公会”登记在册的广告设计组织共有100家[②]。

1929年成立的组美艺社是上海首个由工商业美术家集合组建的社团，由王扆昌、卞少江、陈景烈等人发起，共有三十余位从事工商业美术设计的画家参与。杭穉英从组美艺社建立起便加入了该组织的商业广告组。该组织另外还设有印染、织物、刺绣、工艺设计、铺面装饰、橱窗陈列等专业组，社员每半个月组织一次聚会，共同商讨工商业美术设计的相关问题，维持了两年多的时间。[③]

继组美艺社之后，工商业美术作家协会是20世纪30年代在上海乃至全国具有影响力的商业美术社团，它缘起于1934年春由王扆昌、徐民智、赵子祥等七八位画家在上海南京路冠生园举行的茶话会，最初命名为“中国商业美术作家协会”，后改称为“中国工商业美

---

① 林振彬．中国广告事业之现在与将来．商学期刊，1929（2）：2.

② 苏士梅．中国近现代商业广告史．郑州：河南大学出版社，2006：143.

③ 徐昌酩．上海美术志．上海：上海书画出版社，2004：287.

术家协会"[①]。

协会于1935年10月正式成立，根据该协会的章程，协会以"联络全国商业美术作家研讨商业实用美术协助国内工商业之进展为宗旨"[②]，协会成员分基本会员、普通会员和名誉会员三种。基本会员是协会发起人和对该协会给予经济或精神帮助的商业美术作家。商业美术作家、学校艺术教师、执行商业美术之业务者、有研究商业美术之兴趣者都有资格申请成为普通会员。

该协会形成了较为完备的组织架构，在全体会员大会之下设理监事会，理监事会又细分为理事会和监事会，由理事会具体负责协会的具体事务的执行（设理事七人，候补理事二人，组织之各理事互选常务理事处理日常事务并为会议时主席）。

1936年，该协会的名誉会董、监事会与理事会成员如下：

名誉会董：潘公展、都锦生、张辰伯、雷圭元、张聿光、汪亚尘、陈之佛、王龙章

常务监事：徐民智

监　　事：王守仁、胡亚光

候补监事：柯定盦

常务理事：叶鉴修

理　　事：王扆昌、郑人仄、薛萍、陈亚平、陈青如、赵子祥

候补理事：唐铭生、林蔚如

理事会下设总务部、研究部、生产部和特种委员会，各部召开

① 朱伯雄，陈瑞林．中国西画五十年（1898—1949）．北京：人民美术出版社，1989：364.

② 《中国商业美术作家协会会章》，1935年10月由教育局核准备案，载于《现代中国工商业美术选集》，第一集，1936.5.

总务会议。总务部下设文书股、职介股、会计股、事务股、交际股，研究部下设展览股、图书股、研讨股，生产部下设校务股、代办股、编审股、出版股。协会规定每年举行全体会员大会一次，理事会每月举行一次，监事会每两月举行一次，各部会议每两星期举行一次。到1936年，协会会员已经发展到五百多人，上海、杭州、南京、广州、长沙、汉口、常熟等地均有会员。上海地区重要的商业美术画家几乎都被网罗其下，杭穉英也是该协会的重要会员，当时在中国化学工业社任职的李咏森（1898—1998），南洋烟草公司任职的张雪父（1911—1987）都加入协会。中国国货公司、新新公司、永安公司、先施公司等百货公司，新华书局、大东书局、中华书局、儿童书局、商务印书馆等出版机构，中法药房、五洲药房等药业机构，丝织厂，木器公司，联合广告公司、维罗广告公司等广告公司都有广告部人员在协会登记为会员，形成了一张1930年代上海设计界的联络之网。

该协会的主要“事业”与贡献是举办实用美术展览、编行商业美术刊物和创办商业美术培训学校。除此之外，协会还计划组织参观团及旅行写生团赴各地考察，设立流通图书馆，救济失业会员，设立商业美术代办所协助国内工商业的复兴与失业会员的生产，设立商业美术咨询处以解决会员在商业美术的学理、制作、应用材料等各方面的问题。

协会的研究部每年主持举办一次会员作品展览，1935年在上海举办了首届“全国工商美术展览会”，张雪父（1911—1987）为展筹会主席。这次展览会引起了全社会强烈的关注，尤其在艺术界引起了关于“商业美术”的争论，有些画家认为艺术的神圣与崇高被商业美术所玷污了，对商业美术仍抱持一种轻视与鄙夷的态度，然而，商业美术家们对此则不以为然，认为商业美术是“大众化的艺

图 2-24 《现代中国商业美术选集》第一集（1936 年 5 月）

图 2-25 《现代中国工商业美术选集》第二集（1937 年 4 月）

术”，能够启发人们爱美的天性，引起人们对日常生活中的美的兴趣。1936 年春季，协会会员还组队参加了日本商业美术联盟展览，“载得荣誉而归”，促进了 20 世纪初期中日之间的设计交流。

协会的生产部主持编辑发行了商业美术刊物，出版有两集《现代中国工商业美术选集》，将 30 年代商业美术家的优秀设计结集成册，第一集为 1936 年 5 月出版，由张雪父设计封面，第二集为 1937 年 4 月出版，封面由邓月波设计，由于印刷精美、内容富有新意，定价适中（第一集为 1 元 2 角，第二集为 1 元 4 角），迅速被抢购一空。

《现代中国工商业美术选集》也将展览会所展示的内容结集出版，主要以平面设计为主，包括了招贴设计（广告、月份牌）、图案设计（蜡染、壁纸、染织、伞面）、书籍封面与信笺设计，另有细金工设计、器具设计（茶具、文具、灯具、摆件、瓷器）、室内装饰设计、住宅设计、橱窗设计等，涉及的范围较为广泛。

协会的生产部校务股主持设立商业美术函授学校和播音教授晨夜校，以训练工商业美术专门人才。设有十余个科目，如广告科、织物图案科、装饰设计科、家具设计科、活动看板制作科、陈列窗装饰科等，每科计划招收学生六十名，地址设于协会内部。协会在上海、杭州、宁波均设有会址，均可招收学生。成绩优秀的学生毕业后，协会可为其介绍职业。

可以看到，该协会自我标榜为“全国工艺美术家商业美术家之最高学术团体”，可谓名副其实。协会以上海为辐射中心，带动了国内其他大城市的商业美术活动，上海、杭州、南京、广州、长沙、汉口、常熟等地均有协会会员，具有良好的发展趋势。然而，随着1937年日军全面侵华，该协会在存活三年之后戛然而止。

图2-26　《木兰荣归图》，右下角为画家题签（载于《中国近代广告文化》，赵琛，吉林科学技术出版社，2001年1月第1版）

据杭鸣时回忆，王扆昌虽然在设计成就上并不是很突出，但他是当时上海商业美术界许多重要活动的组织者。他既是组建组美艺社的主要人员，也是上海工商业美术家协会的主创人员，为商业美术界诸多活动的"中间人"。上海抗战爆发之后，他连续主编了13期《救亡画报》发表于《大公报》上，直到上海沦为孤岛方才停刊[①]。

《木兰荣归图》由王扆昌组织发起，召集十一位上海月份牌画家创作，郑梅清构思设计了整体画面，周柏生起稿，杭穉英执笔画了骑在马上的花木兰，擅长画马的戈湘岚画了木兰的坐骑，寄托了上海月份牌画家对于抗战的集体支持和对胜利的期望。

与商业美术密切相关的印刷行业在民国时期也有专业人士组织了专业协会。1933年有糜文溶、沈逢吉、柳溥庆等人在上海创办了中国印刷学会，杭穉英是唯一一位以画家身份加入该会的成员，登记的机构为"穉英书社"[②]。1936年中国印刷学会主办了《中国印刷》杂志，但该杂志仅出一期便停刊。高元宰主编的《中华印刷杂志》则出版有《照相制版专号》（1935年1月）与《纪念号》（1936年2月），仅出版2期便停刊了。另一份持续时间较长的印刷杂志为《艺术印刷月刊》，由林鹤钦、刘龙光二人创办，1940年7月停刊[③]。柳溥庆在三一印刷公司任职时，担纲编辑《美术生活》杂志，这是20世纪初期上海印刷最为精美的杂志，柳溥庆、糜文溶等印刷技术专家在该杂志上发表了多篇研究印刷技术的论文。专业协会团体的成立与相关报刊和著述的发表进一步促进了印刷技术的钻研与革新，为设计发展提供了必要的支持。

---

① 朱伯雄，陈瑞林．中国西画五十年（1898—1949）．北京：人民美术出版社，1989：365.

② 杨文君．杭穉英研究．上海：上海大学，2012.

③ 陆根发，尹铁虎，王金娥．我国近代印刷史珍贵资料——《艺文印刷月刊》．广东印刷，1995（2）：33.

2.6 小结：“吸附式”设计体制的形成

2.6.1 自下而上的设计集结

2.6.1.1 产业驱动力与设计“嵌入”

根据格兰诺维特在结构经济学中的“镶嵌”理论，在经济学与社会学之间的关联研究中，经济结构的变化往往从一个经济系统中最为薄弱的环节开始。中国现代工业的特点是消费品生产的工业较为发达。中国本身并没有经历第一次工业革命的技术变革和社会生产关系的调整，从原先传统手工业作坊劳作的形式向现代机械工业生产的急剧转变，是由于外来技术条件和经济竞争的刺激而产生的。洋务运动由于其所主张的对军工技术和重工业的发展难以与原先社会系统相匹配而宣告失败；后继的实业运动则改变了策略，从轻工业的众多领域入手。正是从日化产业这样一些生产小型产品、在生产技术上较易实现、对生活影响迅速灵敏的产业领域中，率先发展出了中国自己的民族产业。在日化、纺织、烟草等产业嵌入当时中国的经济结构，形成自己的产业发展逻辑的同时，产业环境也孕育了中国现代的设计体制，使现代设计这一舶来的概念和行为也嵌入到中国的社会组织与生活之中。

1861年，英国工艺美术运动的先驱莫里斯与他的同伴们创办了莫里斯 - 马歇尔 - 福克纳公司，这意味着现代设计机构开始在设计史上形成一种制度性的存在。如果说19世纪的中国在设计上还远远落后于西方，20世纪初期随着西方经济入侵而引入上海的广告设计机构、印刷技术以及结合商业美术的产品营销方式则是一次扑面而至的现代设计启蒙，使上海的现代设计发展几乎与国际同步。1907

年，彼得·贝伦斯开始担任德国通用电器公司的设计顾问，这种植入式的设计体制，对现代工业的发展起了巨大促进作用。1929年，雷蒙德·罗维在纽约开办了设计事务所，他强大的个人影响力，使独立设计工作室对于工业发展和消费的促进作用被广泛传播。几乎与西方同步，中国出现了现代意义上的设计机构，既有商务印书馆图画部等典型的驻厂设计机构，也有杭穉英的穉英画室、庞熏琹的大熊工商美术社等独立设计机构，在20世纪的中国现代设计史上，总能在相近的时间节点上找到与西方现代设计发展过程中相对应的设计组织形态。

然而，20世纪初在中国本土成长的设计机构又带有欧美设计组织所不具备的一些特征，原先缺乏设计的产业结构中嵌入的设计生长点灵敏地吸附周边的文化、技术、产业、商业的资源，形成一个个设计成长的实体，体现为多元的设计组织形式，例如"穉英画室"的运营模式，既有传统家族企业的影子，又有西方新型设计机构的影子，是一种组织形式的创新。

2.6.1.2 市场驱动力与商业获益

1937年，上海市社会局局长潘公展在为《现代中国工商业美术选集》(第二集)写的序言中，强调符合时代的"美"有两个条件，"一个是大众化，一个是经济生活化。"工商业美术贴切地符合这两个条件。他鼓励中国的工商业美术界奋起直追，改变落后的局面[①]。叶鉴修则认为：中国现代，生产的技术万分落后，舶来品凭着优秀的构造、动人的色彩、精致的装潢，把握着销售上的绝对优势，霸占

① 中国商业美术作家协会.现代中国工商业美术选集(第二集).上海：中国商业美术作家协会社出版事业委员会，1937.

了中国广大的市场，国货工业衰落到不可收拾的地步。所以美术在现在，应该求实用，中国人在现在要研究美术，应该研究工商界实用的美术，要负起协助国内工商业复兴的艰巨责任[①]。何嘉则在《中国工商业美术之前瞻与期望》一文中介绍了美国对工商业美术的提倡，并肯定其对于经济与大众生活的美化的贡献[②]。

20世纪初期中国现代设计的发生与发展大部分集中于商业美术领域，现代设计与产业形成了密切的联系，受市场规律的制约与影响，诸多设计机构与独立的设计从业者出于生存的现实压力而自觉地追求商业利益。尽管在当时的社会设计的概念与认同仍然相当模糊，但是上海工商业界与艺术界对于美术与经济之间的关联已经有了普遍认识。

20世纪初上海形成的现代设计体制在形态上灵活多样。企业内的设计机构服务于该企业自身的产品设计与宣传推广需求。企业外的设计机构，既有独立月份牌画家，又有组织较为完善的画室，还有专门从事某一种类广告代理与设计的广告公司。以个体状态生存的独立设计师和以群体面貌存在的设计机构之间形成较为自由的出入机制，规模大、机构完善的设计机构往往成为设计人才成长的培养皿。经过业务的操练后，个人能力突出的设计师总有出人头地的野心，便在适当的时机离开助其成长的母体设计机构而成立独立设计机构。与此同时，设计师与其他文艺、管理、资本、技术等人才总有一拍即合之处，迅速组建新设计机构的契机便也层出不穷。林林总总的这些机动灵活、小规模的设计组织受到市场价值的驱动，自发地吸附产业资源而实现了以个体存在的设计

①② 中国商业美术作家协会．现代中国工商业美术选集（第二集）．上海：中国商业美术作家协会社出版事业委员会，1937.

实体的成长，在产业与市场两股驱动力所形成的合力的推动之下，形成了追求商业利益、服务于产业系统的，自发性的，灵活的"吸附式"设计体制。

2.6.1.3 设计的"专家系统"

随着工业革命的完成与产业的发展更新，与现代机械工业生产相适应的生产组织方式也随之出现，设计与产业之间形成的关联在决定这一时期的商业美术活动对于商业利润的追求的同时，也决定了商业美术活动的组织程序。福特于1913年发明的工业生产流水线，分工合作的生产流程与机械化大工业生产相匹配，尽管导致了劳动者工作内容的单一与分工上的机械，却大大提高了工作效率。工业化大生产专业分工的"流水线"工作思路提升了社会劳动的专业化程度，也在一定程度上提升了各行业生产的效率。在商业美术行业，英美烟草公司、穉英画室等机构都采用了分工合作的流水线工作方式来进行设计活动，形成订件生产的固定模式。机械单一的工作一方面禁锢了部分设计师的创作才能，一方面也有效地提升了团队的整体设计效率，形成了现代社会中商业美术领域的"专家系统"。当时的广告代理机构和商业美术创作机构为设计领域的权威，产业求助于专业设计机构来解决其产品设计与宣传等方面的需求问题。抽象系统的信任机制（"专家系统中的信任"）与现代性制度紧密相关[①]，"专家系统"由专业化生产与高效的分工合作而形成，各行业在对设计机构的专业性信任基础之上与其形成合作关系。

经过对穉英画室、联合广告公司图画部、英美烟草公司广告部

---

① 吉登斯．现代性的后果．南京：译林出版社，2011：73.

等机构的考察和比对，这些核心的设计部门均有相似的组织结构，均由一个关键人物主导形成设计团队，通过分工合作的形式来建立完整高效的设计流程，其中以联合广告公司规模最大，形成了十五人左右的广告设计团队，其他设计机构则组建了微型的设计团队。团队逐渐构建的过程，也是设计程序逐步形成的过程，分工合作的流水线成为设计团队高效运转的保证。

2.6.2 设计的职业理想与社会责任

2.6.2.1 “现代样式”的美学追求

19世纪末20世纪初，中国工业从原先手工业小批量生产的方式向现代工业化大批量生产转变，生产方式上转向了半自动化和自动化，设计也参与到中国产业形态变化的过程之中，商业美术家开始提倡与现代工业生产方式相适应的现代设计样式。

雷圭元在《近代样式》一文中，在泛泛论及古今中外的美术家与工艺家创造的样式之后，笔锋一转，认为战争年代的中国在“希冀清平、光明、自由的近代心理之下，跟着产生一种合乎近代生活的条件的各种居处日用器具的新样式，是必然的现象！”认为近代产品“一反从前浮夸的、为装饰而装饰的观念，使装饰与实用恰当地联系起来”。并举例交通工具的流线型设计减弱了空气的阻力而使效能提高；家具以钢骨钢丝代替厚垫，避免了细菌滋生；工厂建筑使用玻璃和家屋扩大窗户，使阳光更加充足。还引用了柯布西耶的一句话：“电话机、自行车、汽船、飞机、自来水笔等形式，就是我们所要找的近代样式，是为了应用而产生，它们并没有纯依照美学上的问题产生。”他们所指称的现代样式，不仅是出于美学上的考虑，更出于“生理的，心理的，卫生的，经济的各方面的考虑”，成为一代设计师的理想中的现代设计风格①。

然而，由于民国时期的产业状况，初级产品的市场需求较大，接受情况也较为普遍，经过更进一步的设计、精细加工因而成本较高的产品，首先就不被生产厂商所接受，所以厂商会尽可能压低设计的投入。因此，与工业生产直接关联的产品设计便难以进一步发展，一直处于初级阶段。

2.6.2.2 设计的自信与身份认同

鸦片战争以前的中国洋洋自得于"宅兹中国"的优沃地位，长期抱持以自我为中心而凌驾于其他文明和国家之上的自大心态，传统、保守、稳固、缓慢，这些形容词都可以与中国固有的文化联系起来。在20世纪初期国际战乱纷争的时代背景之中，中国的强国姿态被西方的坚船利炮迅速击溃为弱国心态，现代、开放、动荡、迅速，这些形容词都能跟西方现代文明对中国的冲击联系起来。一方面认识到自身的积贫积弱，一方面又迫不及待地期望追赶上现代的西方，20世纪初期复杂的民族心理影响到社会的方方面面，在中国民族产业的发展中体现得尤其突出。产业上企业家生产民族品牌产品努力自强，中国现代设计在民族产业艰难发展的过程中寻求自身发展的缝隙；设计上设计师在图像上实现富强国家的建构，通过设计构建中国作为现代国家的身份认同。

张聿光认为商业美术符合广大人民群众之所需，并且在无形中抵御了外国的经济侵略，因而商业美术有了爱国主义的意味，并将其誉为"现代美术界之先锋"：

---

① 中国商业美术作家协会.现代中国工商业美术选集（第一集）.上海：上海亚平艺术装饰公司，1936.

“今商业美术之光，实应时代之需求而产焉！缘自四海通商，欧风东渐，各国莫不勾心斗角，尽其经济侵略之能事；不论一纸一瓶，咸美其形，巧其质，五花八门，日新月异。……此无他，彼邦人士之善于运用商业美术一道耳！今国人中有明于此者，奋起直追，不遗余力。其所作所为，均以切合大众为前提，而以导化大众为己任？……抵御外侵，捍卫祖国于无形，……故我国商业美术作家为现代美术界之先锋也！”①

张聿光还指出当时中国商业美术界存在的问题：模仿能力很强，但缺乏具有东方色彩的原创性。这体现了现代设计在中国内外交困的危难环境中的特殊使命：设计对“国货”运动起了很大的推动作用，通过设计实现“国货”产品的民族身份认同，体现了民族精神，表现出仍然有待提升的民族自信心。

2.6.2.3 商业美术家的地位

由于商业美术与产业之间的紧密联系以及商业美术对市场价值的追求，设计与艺术之间在20世纪初期也逐渐形成了分野。商业美术在传统意义上的美术门类之中处于边缘位置，设计由于与产业、商业联姻而不同于自由美术创作，受到客户与市场喜恶的制约与束缚。对于从事商业美术的不自由、不理想的创作状态，商业美术家自己也深有感触。月份牌画家抱着矛盾的心情从事商业美术工作。关蕙农自述：“……又四十年矣，日月不居，垂垂老矣。终以因人作绘，局促如辕下驹，非其志。乃以所业付儿曹，恬然自憩，又复厕身于欣赏之林，提纸泼墨，唯意所适，以恢复少时闲趣……”关

---

① 中国商业美术作家协会.现代中国工商业美术选集（第二集）.上海：中国商业美术作家协会出版事业委员会，1937.

蕙农晚年将亚洲石印局的业务交给儿子之后，不禁抒发对恢复自由创作的欣喜之情[①]。

广告画家经济效益好，却在美术界没有什么地位。画国画、西画的画家大都不认可服务于工商业的美术行为。擅长画金鱼的国画家汪亚尘，在一次友人聚会上毫不客气地指责杭穉英不配谈色彩。据杭鸣时回忆，这一事对杭穉英的打击很大，他甚至不希望子女继承自己的事业。"为了生活画画，许多地方不得不听命于客户，不是自己想怎么画就怎么画，受人指使啊！"[②]月份牌画家不约而同地慨叹商业美术受商业和经济的制擘，不愿为却又不得不为之的无奈。确实，月份牌中所表现的生活场景和人物形象，与上海新兴的资产阶级阶层的生活密切相关，既是对现实的反映，同时也带有想象，向社会大众辐射和传播一种崭新的社会生活和文化观念。大多数月份牌广告画所传达的价值观与宣传内容都是积极向上的，但也有一些为了吸引眼球，内容低俗不堪的月份牌。商家为了牟利不惜出奇招怪式，杭穉英与客户商谈时也会发生争执，不得不无奈地接受这些低俗内容要求，这方面的内容也导致了鲁迅等人对当时的广告画心存不屑，也看不起这些没有品格可言的作品，如裸女月份牌。然而，鲁迅也有关于美术与经济的正面言论，也对通过美术促进经济的做法大加赞赏，并且推动了当时的书籍设计的发展。

丁君匋曾就一般人在当时对商业美术仍"鄙视"的态度有过一番论述，强调"商业美术是人类生活需要，另外是大众化的应用、

---

① 李世庄．20世纪初粤港月份牌画的发展 // 国际学术研讨会组织委员会．广东与二十世纪中国美术国际学术研讨会论文集．长沙：湖南美术出版社，2006：165.

② 杭鸣时．纪念杭穉英诞辰100周年．美术，2001（5）：52-53.

共鸣和喜好。因此，认为商业美术‘雕虫小技’‘带铜臭气’的态度，都是不可取的。”[①]

然而，从这些对商业美术的负面评论之中，也可见20世纪初自下而上形成的“吸附式”的设计体制在产业与商业的驱动之下，设计更接近于产业与商业的现实，较少有对设计作研究性与精神性探索，更多地停留在目的性、技巧性明确的商业获益的层面，离设计创新的理想尚有较远的距离。

① 丁君匋 . 序六 // 中国商业美术作家协会 . 现代中国工商业美术选集 (第二集). 上海：中国商业美术作家协会出版事业委员会，1937.

3 “老法师”：集体实践的“给予式”设计体制

3.1 顾世朋与 20 世纪中叶的设计整合

3.1.1 从广告画家到美术工作者

顾世朋 1925 年出生于上海嘉定安亭的一户书香门第，祖父与父亲都是教书先生，祖父曾在湖南师范教书，回沪的路途中因与土匪搏斗遇难，此后顾家的经济大不如前。顾世朋的父亲在上海民立中学教书。民立中学为上海清末民初最著名的中学之一（1956 年由私校改为公立，更名为“上海六十一中学”），父亲既是数学教师，又是美术教师，带给顾世朋最早的美术启蒙。顾世朋中学毕业之后便开始了自力更生的打工生涯，由于顾世朋的舅舅在新亚药厂画广告画，便将他介绍到新亚药厂当学徒，汇入 20 世纪初药业机构的广告设计团队之中。

上海是中国民族西药制药行业的发祥地。西药因服用方便，见效迅捷而逐渐被民众所接受。中国的制药行业起步较晚，黄楚九于

1890 年创立中法药房，大陆药房、新亚药厂等机构也陆续设立。新亚药厂是当时中国重要的制药企业，1926 年由许冠群联合同乡同学赵汝调、屠焕生三人合伙集资建立。赵汝调毕业于日本千叶大学药科，在新亚药厂的发展过程中起了关键性的作用。药厂经营颇善，起初以“戒烟丸”和“十滴水”在上海制药业中站稳脚跟，并在提高产品质量、降低成本、研制新药上下足了功夫，1934 年已经在北京、广州等城市开设了分公司，并在华东、西南、华北、西北等地区开设了十四所办事处。1935 年，该厂成立新中化学药物研究所，1936 年改称为新亚化学药物研究所，聘请日本东京帝国大学毕业的曾广方为所长，网罗制药专家参与药品改良与新药试制工作[①]，使“星牌亚字”商标的产品行销全国。

1926 年新亚药厂初创时，作为合伙企业登记资本仅为 1000 元，1936 年改组为股份有限公司的新亚药厂资本已经扩充至 50 万元。从公司的管理架构来看，股东大会是公司的最高权力机构，由股东大会选出董事会来管理公司业务，由监察人监察公司的决策与业务，总经理统筹公司的整体运作，下设经理以分管业务处、营业处、总务处，另外由厂长管理厂方与制药、生产、研究等方面相关事项。

新亚药厂与信谊药厂作为当时上海最大的药厂，早期业务都委托维罗广告公司设计，后期随着药品门类的拓展，广告业务随之增长，于是这些药厂便在企业内部自行组建了广告部门，如新亚药厂便在业务处下设广告部，与人事、法律、宣传、编译、出版、访问等部平行，由广告部负责药厂生产药品的包装与广告宣传的设计事项。广告部门成立之后，新亚便召集社会上的设计力量，原先在五洲药

① 陈歆文. 中国近代化学工业史. 北京：化学工业出版社，2006：100.

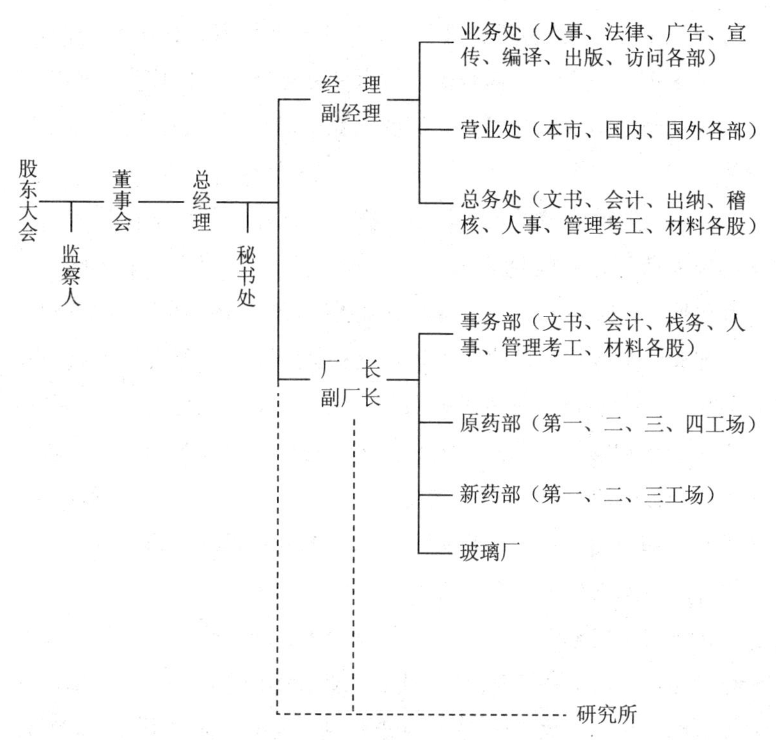

图 3–1 新亚药厂组织架构图，1938 年（载于《近代上海工业企业发展史论》，黄汉民、陆兴龙，上海社会科学院出版社，1980 年版）

房的王守仁过来新亚成为广告部主任，充实了许晓霞[①]、陈青如[②]、

① 许晓霞是上海 1930 年代的广告画家，目前除了在丁浩回忆录中提及之外，查有他在《社会周刊》上为汪仲贤的《上海俗语图说》配插图，发表了黑白插画。据郑逸梅撰写的《汪优游演戏撰小说》（上海文学百家文库（第 27 卷），上海：上海文艺出版社，2010）一文，提及许晓霞为人谨慎，在抗战期间久病不治去世。

② 陈青如是上海 1930 年代的漫画家，目前除了在丁浩回忆录中提及之外，查有他在《漫画漫话》《东方漫画》上发表多格漫画。

江爱周、李银汀等人在广告部任职，从事与药品相关的设计工作[①]，还聘请了丁悚担任广告部顾问。顾世朋在新亚药厂的广告部便得到丁悚等老师的指导，当时在上海的涂克也对顾世朋的设计产生了影响[②]。

不久，顾世朋被派到天津参与整个华北地区的广告设计，在天津的新亚药厂，顾世朋又拜了一个师傅——一个留学回来的同事，既教他英文，也教他设计，顾世朋从此打下了英文字体设计的基础。

抗战胜利后，顾世朋回到上海，在新一化工厂负责广告设计和包装设计，“四合一”高级香皂的广告画便出自顾世朋之手。香皂在市场上反响热烈，既与品质相关，也有广告和包装的功劳。新一化工厂老板的胡忠彪，“曾任美商克劳广告公司的高级主管，通英文，擅设计，懂策略”。两人形成了亦师亦友的关系，长期从事日化产品设计，也越来越了解个中门道[③]。

在上海工商业企业公私合营的过程中，新一化工厂（与明星家用化学品厂、五洲大药房、中国化学工业社等公司的制皂生产部门）并入上海制皂厂，顾世朋也于1957年到上海轻工业局下属的上海日用化学工业公司的美术设计组工作，从一名广告画家转变为新中国生产体系之中的一名美术工作者。

上海日化公司与上海食品工业公司两者在1950年代经历了多次

---

① 丁浩.将艺术才华奉献给商业美术//益斌，柳又明，甘振虎.老上海广告.上海：上海画报出版社，1995：17.

② 顾传熙在访谈中提起杜克对顾世朋的设计有影响。涂克，1916年生，广西融安人，1935年考入杭州国立西湖艺专，从事新四军的美术组织活动，1949年后历任上海文化局美术科科长，美术处处长等职务。

③ 张磊.顾世朋与美加净.新民晚报，2014-02-15(B5).

拆分与合并，两个公司的美术设计部门一直在同一个办公室。钱定一（1915—2010）[①]于1950年组建食品公司的装潢美术室，成为食品公司美工组的负责人，李咏森则于1953年起担任日化公司装潢美术室的负责人。1961年，上海食品工业公司与上海油脂化学公司合并为上海食品日用化学工业公司。1965年，上海轻工业局又将上海食品日用化学工业公司撤销，分别成立上海食品工业公司和上海日用化学工业公司。虽然经历了公司之间的拆分与合并，但两个公司的美术设计室仍然在一个办公室之中办公。当时李咏森、李银汀两位商业美术前辈即将退休，需要吸收年轻的设计力量接班，继续开展日化公司的设计指导工作。李咏森退休后，顾世朋成为日化公司装潢美术室的负责人。

日化产业经历了新中国公私合营的产业调整过程之后，上海原来一百多个日化厂家集合成为近十个国营大厂，许多商业美术人才分流到文化局、商业局、出版局、轻工业局等单位下属的设计机构，顾世朋到轻工业局下属日化公司技术科的美工组工作。从顾世朋工作内容与职业身份的转变，既可以看到产业调整的过程，也可以看到设计人员分流的情况。

3.1.2 公私合营的产业重组与人才分流

3.1.2.1 手工业、资本主义工商业的社会主义改造

经历三年困难时期的初步经济恢复之后，新中国从1953年开始

① 钱定一（1915 – 2010），据《上海艺林往事》（周正平著）记载，1935年毕业于苏州美专后留校担任国画系教师，曾于1940年代赴美国举办个人展览，1950年到上海，创办上海轻工业局食品工业公司产品包装装潢设计室，并担任负责人，曾负责上海展览会轻工业馆总设计，退休后以国画创作为主，喜游历名山大川。

实施“一五计划”，发展国民经济，以实现社会主义工业化作为过渡时期的总路线。国家从第一个五年计划起便有相对明确的工业发展目标，优先发展重工业，对轻工业的布局也进行调整。苏联帮助中国建设“156个项目”，借用苏联的工业发展与经济建设模式，进行自上而下的社会主义建构与改造，钢铁、机械、石油等重工业、国防工业和基础工业在这一时期有了奠基性的发展。而且，中国克服了苏联在发展重工业的同时忽略了与人民生活密切相关的日用品生产，因而导致民生产品发展不足的缺陷，在发展重工业的同时主动地、有意识地转化与提升轻工业产品的生产能力，形成了在手工业与轻工业发展上的独特经验。

“一五计划”实施期间，面对欧美资本主义国家的经济封锁，为了恢复由多年战乱引起的行业凋敝的现状，保障人民生活，稳定社会，中国逐渐确立了高度集中的计划经济体制。1956年，国家对农业、资本主义工商业与手工业的社会主义改造基本完成，这既得益于19世纪以来中国产业发展中的传统资源与经验，也结合了新中国计划经济体制下的设计管理试验。

在手工业生产方面，毛泽东1956年发表的《加大手工业社会主义改造》敦促手工业生产向半机械化、机械化生产的方向转变，提高劳动生产率，表达了“武装传统手工业，使他们增加产量，多创造外汇，为实现大工业建设服务的思想”[①]。各地纷纷成立各工艺门类的相关研究所，在很大程度上指导了手工业的改造与生产。然而在手工业合作社提高劳动效率的同时，原先使用传统手工业生产方式的手工产品，也在采用机械化生产方式完成的过程中，由于“手

① 杭间．设计道．重庆：重庆大学出版社，2009.

脑劳作的分离”而出现了生产加工简陋的问题，某些产品在很大程度上缺失了品质感。

在资本主义工商业改造的浪潮之中，国家对民国时期以消费品为主的工业生产进行改造、引导和提高，没收官僚资本，接管外资企业，在调整产业结构的同时，也建立起工业生产的计划管理体系。各行各业开始筹备建立大型的国有制和集体所有制企业，并形成了行业上的条块分割管理，明确规定了行业的生产内容与营销口径。不同的行业归属国家不同的职能部门所管辖，形成了“国家职能部门—统管行业的工业公司—落实生产任务的工厂”的层级管理结构。“出版、外贸、文化、商业系统中的设计人员属于文艺编制，纺织、轻工业、手工业等系统中的设计人员则属于技术编制。”“局一级设有技术处，公司一级设有设计科，下属工厂中设有设计室”，各行各业均形成“条块分割的归口管理体制”[①]。

以上海轻工业局[②]为例，在以计划为主导的国民经济与行业生产中，轻工业局承担了重要的领导、管理与决策的角色，在上海轻工业局的主导下形成了一个管理运作系统，轻工业局下设管理造纸、

---

① 张磊在《上海艺术设计发展历程研究（1949—1976）》（苏州大学博士论文，2012年9月，第21—22页）论文中一一列举了上海出版、纺织、轻工业、二轻工业、文化、商业、外贸等国家管理部门中的设计职能部门的业务内容，以及与其下属归口单位中设计部门之间的管理关系（见张磊论文第21—22页），并且对上述各行业系统中的从业者人数进行分类统计（见张磊论文第24—25页）。

② 据《上海市档案馆指南》（上海市档案馆编，中国档案出版社，1999年12月第1版，第611页）所载，“上海市轻工业局的前身是上海市人民政府工业局，成立于1952年8月，1954年2月改为地方工业局，1955年分为上海市第一轻工业局和上海市第二轻工业局，1957年两局合并为上海市轻工业局，1995年撤销建制。其主要职责是管理文体用品、火柴塑料、皮革制鞋、日用五金、医疗器械、食品印刷、橡胶等行业。”

日化、食品等行业的分支部门，对各行业的工厂实施管理。“公司”成为轻工业局之下、厂方之上的中间管理环节。轻工业下属的油脂、缝纫机、食品、自行车、玻璃热水瓶、搪瓷等行业陆续成立专业公司，多达83个[①]。这些专业公司成为贯彻国家对行业的行政管理的中间环节，而这一时期的设计活动也服从生产技术的行政指令，由各行业的专业公司设置相关的技术部门予以管理。

3.1.2.2　日化行业的整顿与重组

1949年11月，中华人民共和国中央人民政府轻工业部成立。上海市人民政府工业局于1952年成立，下设一般轻工业、造纸工业、食品油脂工业、卷烟工业等4个专业处，分别管理各行业的工厂。1955年，上海市地方工业局改名为上海市第一轻工业局，上海市轻工业管理局改名为第二轻工业局。1957年，上海市第一轻工业局、第二轻工业局合并为上海市轻工业局[②]，下设“生产计划处、劳动工资处、财务处、科研技术处、质量管理处”[③]等职能部门。“轻工业局”的行政职能与机构设置从一个侧面反映了新中国成立初期政府对工业的归并与管理也处于探索之中。

“轻工业”作为与“重工业”“农业”相对应的专有名词，“三大产业”的分类方式带有社会主义初期计划经济的意识形态痕迹，作为中国20世纪中叶特有的分类方式，一直持续到80年代。纺织、食品、制药、日用化学工业等提供生活消费品，生产生活资料的工

① 二十世纪五、六十年代上海工业的三次大改组.[2013-11-14].http://www.archives.sh.cn/slyj/shyj/2013 10/t2013 10 28_39760.html.

② 上海轻工业志——大事记.[2013-11-15].http://www.shtong.gov.cn/node2/node2245/node 68930/node 68934/userobject1ai 66570.html.

③ 上海市档案馆.上海市档案馆指南.北京：中国档案出版社，1999：611.

业都属于"轻工业"的范畴。

1956年，公私合营的社会主义改造全面展开，上海市人民委员会宣布上海资本主义企业一次全部批准实行公私合营。上海轻工业共有36个行业、1万多家私营厂成为公私合营企业[①]。上海轻工业局面所临的是对上海已有的工商业传统的梳理、改造、重组与革新。全面实行公私合营之后，行业的改组成为发展生产、提高效率的重要手段。

上海轻工业系统中的日化行业和制笔行业是两个改组面较大的行业，日化行业最早、最迅速、最积极地开展行业变革，分散滞后的企业被整合收编，采取"以大带小、以先进带落后、不减少花色品种、不中断合作关系、不花钱或少花钱为原则"，采用"梳辫子""拆庙补庙"等方法[②]，裁并效率低、技术落后、产品低劣的企业，一是将设备落后的小厂和个体户并入设备、技术、管理健全的中心厂与独立厂，二是将公私合营的企业并入国营工业企业，增强国有经济的实力。

民国时期大大小小各自生产的三百多家私营日化企业经过公私合营的多次裁并之后，整顿成上海日化一厂、二厂、三厂、四厂、五厂，上海家化厂，上海牙膏厂等大型国有日化厂和上海日化制罐厂、上海硬化油厂等相关的配套厂。

整顿后的上海轻工系统形成了"轻工业局—日化公司—日化厂与其他配套工厂"的层级管理结构。上海日化公司全称为"上海市

① 上海轻工业志——大事记. [2013-11-15]. http://www.shtong.gov.cn/node2/node2245/node 68930/node 68934/userobject1ai 66570.html.

② 吴承璘. 上海轻工业40年 // 上海市经济委员会. 上海工业40年（1949—1989）. 上海：三联书店上海书店，1990：142.

日用化学工业公司”，于1956年日化行业社会主义改造基本完成后建立。作为诸多专业公司之一，上海日化公司与油脂、食品等行业的专业公司分分合合[①]，归上海市轻工业局管辖，对下属的各日化工厂起协调与管理作用。

民国时期商业竞争激烈的产业经济发展模式被以国家生产计划为主导的模式所取代，在生产上实行条块分割。日化行业的专业化生产程度较高，每个单位的业务也趋于单一，各厂商只生产国家计划规定的某种门类的产品，不进行跨类别的生产竞争。各厂根据整顿重组后形成的生产规划与技术优势，分配了明确的生产任务。

广生行和明星家用化学品厂成为日化行业公私合营整改的试点。广生行于1956年与二十几个小厂合并，更名为公私合营广生行制造厂，公方代表为章志学，私方代表为梁灼兴，合资后人数从67人发展到107人[②]。1958年，公私合营广生行制造厂与明星家用化学品厂、中华协记化妆品厂、东方化学工业社强强合并，成为“上海明星家用化学品制造厂”，原注册商标“双妹”也转到合并后的

---

① 据《上海轻工业志大事记》记载，1951年8月19日，上海油脂工业公司与上海益民工业公司合并，1954年11月定名为上海油脂工业公司。1958年1月30日，上海食品芳香工业公司与上海食品冷藏工业公司合并，成立上海食品工业公司。其中冷藏划归上海市服务局，芳香划归上海日化油脂工业公司。1961年9月25日，上海食品工业公司与上海油脂化学公司合并，定名为上海食品日用化学工业公司。1965年10月16日，上海食品日用化学工业公司撤销，分别成立上海食品工业公司和上海日用化学工业公司。同时撤销上海玻璃搪瓷制品工业公司，分别成立上海搪瓷工业公司和上海玻璃制品工业公司。1990年6月15日，上海香精香料公司和上海日用化学公司合并，成立上海日用化学公司（网址：http://www.shtong.gov.cn/node2/node2245/node68930/node68934/userobject1ai66570.html）。

② 广生行裁并厂小结，1956年10月24日，上海档案馆档案，B187-1-16-181。

家化厂名下[①]。1967 年，在“文革”山雨欲来的情境之中，“明星”一词被指责带有“封资修”的色彩，于是上海明星家用化学品制造厂更名为上海家用化学品厂。上海家用化学品厂的主打产品是花露水，早期生产“明星”花露水，继而生产“上海”花露水及“友谊”“雅霜”等品牌产品，后来生产“美加净”系列化妆品。

上海日化一厂由中国化学工业社的“三星牌”蚊香生产线和以生产香料、香精为主业的丽来化学工业厂和大陆化学制品厂等机构合并成立，主要生产“孔雀牌”香精。

上海日化二厂则是由顾植民的富贝康日用化学工业公司改组而成，主要生产“百雀羚”冷霜及其他“油包水”的冷霜类产品，后来创立的“凤凰”品牌也成为该厂的拳头产品。

上海日化三厂生产地板蜡、清洁蜡、清凉油、洁厕精，鞋油等产品，知名产品有“红鸟 ”牌鞋油。

上海日化四厂的前身是家庭工业社，以生产雪花膏等“水包油”的化妆品为主，早期“蝶霜”等产品由该厂生产，“芳芳”“施美”“牡丹”等品牌也成为该厂的标志性产品。委托上海美术设计公司的张雪父设计了“蝶霜”的包装。

上海日化五厂则是上海日化公司的干部和工人子女下乡回城后，为解决分配工作的问题而设立的一个新厂，将其他日化厂的香粉、爽身粉等产品划归该厂生产，主打“蓓蕾”“蓓丽”等品牌的香粉、爽身粉产品。

1958 年，上海市所有日化企业中的牙膏生产全部并入中国化学

---

① 白光．“双妹”商标的合法所有人之争 // 商标案例与评析：商标实践论．北京：企业管理出版社，1996：212.

工业社，重组形成中国牙膏厂，有“三星”“中华”“白玉”“留兰香”等40余种牙膏品牌，并新创了“美加净”牙膏品牌。

中国制皂厂是由中国肥皂公司、五洲肥皂厂、南阳肥皂厂等企业合并而成，生产“裕华”“扇牌”等品牌的香皂与肥皂。

上海日化制罐厂和上海硬化油厂是为上海各日化生产企业提供原料制作和包装配套设施的技术工艺与生产支持的机构。

通过对私营日化企业进行社会主义改造，上海的日化产业形成了崭新的局面，原先在分散经营的民族日化企业中的企业家成为公私合营中的“私方”，技术人才也分流到各个工作单位。

3.1.2.3　设计人才的重新分布与集结

各行各业经过类似的改造之后，也形成了区块分割明确的行政指令性生产模式，“同样重要的是1949年以前的小型现代工业部门，为中华人民共和国提供了熟练工人、技术人员、有经验的经理和组织经济活动的模式。”[①] 原先服务于商品经济需求的商业美术人才也根据所属行业本身的属性与特征，分布到轻工业局、商业局、文化局、外贸局等国家职能部门之下的美术设计机构之中。

1952年，上海市建筑设计公司、上海文化广场社会文化服务组等机构相继成立。1956年5月，上海文化广场社会文化服务组改组为上海美术设计公司，由上海文化局领导，首任经理为涂克（1916—2012），下设美工科、生产科（模型工场、布置工场）、雕刻组等[②]，张雪父（1911—1987）担任装潢美术室主任，机构中有从事装潢设计的倪常明（后任副主任）、黄善阑和负责展览布置的周月泉、

① 费正清 . 剑桥中华民国史（上卷）. 北京：中国社会科学出版社，1994：65.

② 张磊 . 上海艺术设计发展历程研究（1949—1976）. 苏州：苏州大学，2012.

王如松、郭洪生等。上海美术设计公司负责上海市大型文化活动的服务性设计，如节庆标语、横幅的设计，大型展览、会议的场地搭建、设计与布置工作，以及唱片封套、邮票等文化产品的设计等。①

1956年在上海市广告同业公会登记的100余家公司中，有荣昌祥广告公司、联合广告公司、大新广告公司、银星广告公司、工农兵美术工场、联辉广告美术社等②，诸多广告公司根据路牌、幻灯片、橱窗、电话簿、外贸等广告业务门类接受公私合营的整顿，1958年改组为上海市广告公司，由上海市商业局领导，王万荣，徐百益、朱振霄、韩维诚、薛石生等广告从业人员均在该机构工作，徐百益调入上海广告公司后曾担任设计科负责人。“文革”期间由于广告被彻底批判，被迫改名为“上海市美术公司”。

随着国家对外贸易活动逐渐发展，对外贸易活动越来越频繁，所需的设计业务也日益增多。1957年第一届广交会在广州召开，1958年底，上海市对外贸易局筹建“对外贸易进出口商品美术工艺综合工厂”，负责外贸商品的各种广告宣传，1959年底更名为“上海对外贸易美术设计公司”。1962年6月，上海广告公司正式成立，由贸易局管理，各行各业下设进出口公司与该公司形成对接，上海市广告公司外贸组的相关人员也加入上海广告公司。公司设有广告科、设计科、摄影科和展出科。宋连祁、马永春、徐昌酩等人都曾在机构中工作。上海广告公司成为当时“中国唯一的出口广告专业代理机构”，代理中国当时八大口岸——北京、上海、天津、大连、福建、广东、湖北、山东等省市的所有出口商品广告，“美加净”

① 上海美术设计公司．根深叶茂：上海美术设计公司四十年．上海：上海书画出版社，1996.

② 张磊．上海艺术设计发展历程研究（1949—1976）．苏州：苏州大学，2012.

等大批名牌产品的广告宣传便由该公司承担[①]。

可以看到，上海市广告公司、上海美术设计公司与上海广告公司作为归口于各个国家机构的国营设计单位，之间既有明确的业务区分，同时也有合作与交流，人员之间由于具体事项时而进行集结与交流，这些单位也会受轻工业系统的委托而做一些产品包装设计与宣传工作。

民国时期三百多家私营的画片出版机构也通过公私合营成立上海画片出版社，1954年，孙雪泥被安排到上海画片出版社当经理。金梅生、谢之光、金雪尘、李慕白等一批月份牌画家也成为上海人民美术出版社的特约作者。

经过各行各业的职能归口与人员分流，设计人员的工资待遇也发生了变化。早期各行业实行绩效工资的制度，1956年之后逐渐调整为等级工资制度。

1956年，上海市商业局展览贸促公司准备吸收一批广告画稿人员，该单位劳动工资处向上海市劳动局提出发放工资的意见：

“他们这些人有一定技术，原来每月收入一般都较高（自200元至1000元不等）其工资应遵照商业部工作组的意见及国务院的降低工资收入的精神，按个人技术水平高低按质论价的原则……

根据摸底情况，分成四个固定工资等级：甲级300元，乙级200元，丙级150元，丁级100元。画稿数量超过定额部分提出20%作为奖励工资。”[②]

1956年9月，广告业公私合营工作委员会向轻工业局汇报上海

① 张磊．上海艺术设计发展历程研究（1949—1976）．苏州：苏州大学，2012.

② 商业局往来文书，1956年9月3日，上海档案馆档案，B123-3-175-49。

各香烟厂美术设计人员现在的工资情况和工作情况，其中张荻寒、江逸舟仍在华成烟厂工作，张荻寒担任工艺员，工资为383.64元，为烟厂中工资最高的美术设计人员，江逸舟担任的工作是“写蜡纸”，工资为136元。大东南烟厂的陆烨则担任画稿工作，工资为136元，华美烟厂的朱仰峰和张云则在供销科工作，工资分别为120元和136元。……曾任南洋烟厂广告部主任的唐琳当时也仍在该厂担任美术设计工作，工资仅有94元，汇报中注明唐琳还有其他画稿工作的额外收入。[①]

据杭鸣时回忆，金梅生、金雪尘、李慕白等人作为上海人民美术出版社的特约作者，有时版税比出版社内部美术编辑的工资还高。美术出版行业从1950年代到1960年代，也经历了由早期的稿酬制度改为等级工资制度，后又恢复稿酬制度的转变[②]。收入制度的调整对美术创作人员的经济状况与工作状态产生了直接的影响，讲求绩效虽有利于激发工作积极性，但与当时讲求平等的集体主义有所冲突，推行等级工资制度是从工作内容和能力上进行分配，与这一时期层级分明的管理体制相匹配，却又无法反映实际工作量上的差别。

3.1.3 被转化的设计需求：宣传与计划

1956年初，上海工商业和手工业的社会主义改造基本完成，上海面临人民政府下达的从“消费型城市”向“生产型城市”转变的

① 广告业公私合营工作委员会工作汇报，1956年9月24日，上海档案馆档案，B123-3-175-47。

② 孙浩宁.新中国体制下的“人民美术”出版研究：以上海人民美术出版社（1952—1966）为例.北京：中央美术学院，2013.

迫切任务，设计也从以消费为导向和服务于工商业竞争的商业美术活动，转向服务于实现工业化的计划生产，迫切面临开拓崭新的生产局面的问题，与社会主义政治、文化、经济发展相适应的设计组织形态的探索也初见成效。

20世纪初各式广告满街满眼的情形一夜之间便产生了极大的变化。20世纪中叶，国内宣传与推广中国产品的广告设计几乎处于缺失的状态，由于商业竞争的前提消失而受到了极大的压缩，产品与品牌的推销、经营策划方面的设计基本上处于空缺的状态，设计的领域大大地缩小，各式产品的设计主要体现为包装设计，只在百货公司的橱窗里进行有限的宣传。

上述那些原先在大型企业供职、自由职业的商业美术家经过公私合营的行业整顿与改组，收编到国有或集体所有制的企业之中。广告画家、月份牌画家等原先服务于城市工商业的发展与竞争的职业，也转向服务于社会主义的政治宣传、文化塑造与计划生产。

金梅生、孙雪泥等一批月份牌画家被上海人民美术出版社纳入对新中国的城市生产和农村建设的美术宣传体制之中，作为上海人民美术出版社的美术编辑与特约画家，服务于国家的政治与文化宣传。金雪尘在1958年由上海画片出版社召开的“月份牌年画作者座谈会”上，表明了新时代的美术工作者对过往商业美术业务的反思与今后工作的展望：“我们过去为洋商作画，实际上是起帮凶作用。洋商搜刮中国人民的经济，我们还为他们宣传推广……”[①]新的时代与社会风貌为画家们带来了新的描绘对象与讴歌的内容，从前月份

① 吴步乃．月份牌年画作者的话．美术，1958（4）：22-23.

牌上的资产阶级太太小姐的形象一扫而空，全面改造为勤劳朴素的劳动人民的形象与热火朝天的劳动与工作场景。

联合广告公司、美灵登广告公司等公司也经过公私合营，形成由文化局管辖的上海市广告公司和商业局管辖的广告装潢公司，为城市的文化事业和外贸工作做一些服务性的设计。上海美术家协会与上海美术设计公司主要服务于政府的文化宣传与文化活动的布置工作。国家职能部门的计划任务成为这一时期设计组织的服务对象。

轻工业系统相对于其他国家职能系统，美术设计力量较为薄弱，主要从事内销产品与出口产品的设计工作，由于外贸出口的产品种类多、花色更新快，外贸出口产品的设计任务成为轻工系统设计工作中的重中之重。

3.1.4 身份再造：社会主义螺丝钉与高级知识分子

经过社会主义改造，各生产与营业机构面临着出发点、服务对象与职能上的转变，从“公司”转变为“单位”；身处其中的“工商业美术画家”也面临着身份上的转变，从民国时期自由职业者或私营企业的职员转变为新中国环境下的国家机关、国营企业的工作人员，完成了从“职员”到“同志”的身份转变。

“工艺美术作者”是新时期对设计从业人员的一个光荣的代称。随着政府主导的会展业务在1950年代中后期逐渐增长，1962年，美协上海分会在举办实用美术展览会和火柴盒贴艺术展览之后，连续召开了两次实用美术座谈会。座谈会上，社会主义制度的优越性被充分肯定，各国家机关单位下属的美术设计机构与部门也都实施新举措，“外贸部门业已成立包装设计公司，上海市轻工业局也成立美术研究组，上海人民美术出版社将出版《工艺美术丛刊》，美协上海分会筹备塑料皮革制品和玻璃搪瓷器皿的造型展览会。”[①]

座谈会上，与会者也对“实用美术”在社会上的作用达成了共识，实用美术关系广大群众衣食住行，而且是直接为劳动人民服务的大事情，现在它的重要性越来越突显。作为新中国的工艺美术作者，必须认清自己的光荣职责，把推动改进实用美术放到工作的日程上来，积极地联系有关方面共同努力，使我国的实用美术设计水平不断提高，把“人民日常生活用品的美化工作”提上日程[②]。设计既是美化国内人民生活的必要手段，同时也是在国际产业竞争中制胜的关键因素，顾世朋是1962年上海实用美术展览会的总负责人，他后来在《装潢设计者的使命》[③]中仍延续自己作为一个“美术工作者”一贯的基调平实且内容充实的写作风格，提及包装装潢设计人员提高眼界与知识更新的重要性，为国家“发展新产品，扩大出口”贡献力量。

1958年，李咏森以“高级知识分子”的职称与身份从上海日化公司退休，这意味着国家对各行业单位机构中的美术工作者的认可。1956年，上海市人民委员会为了发挥“高级知识分子”的作用，开始组织评级活动。由于李咏森当时在中国化学工业社工作，未能及时了解评选情况并上报材料，造成了遗漏，后由中国化学工业社向日化公司补报李咏森的评选材料。于是1956年10月由上海日化公司人事处向上海市人民委员会组织部提出申请，人事处在申请中对李咏森自1935年从苏州美专毕业以来在设计教育上的建树与在中国

---

①② 犁霜．上海分会讨论实用美术设计问题．美术，1963（1）：16.

③ 顾世朋．装潢设计者的使命//山东省包装装潢公司，山东省包装装潢研究所．中外包装文选．济南：山东省包装装潢公司研究所，1983：176–178.

化学工业社工作的情况作了简短的汇报,认为其符合“高级知识分子”评选标准[①]。

设计师的身份转变了，从20世纪初追求商业利润的“商业美术画家”成为为国民经济生产贡献设计专业力量的“美术工作者”，国家对“高级知识分子”的评选政策也落实到当时的“实用美术”与“工艺美术”领域。“美术工作者”能够参与到“高级知识分子”的评选行列，这既是对新中国美术工作者的工作的肯定，也有利于提高行业内同志们的工作积极性。

3.1.4.1 从美术的边缘到生产的中心

民国时期的商业美术行业除了有专业美术院校培养的人才从业之外，还有更大一批商业美术从业者是从身份低微的学徒起家，向有技术、工艺、业务能力的老前辈拜师求学习艺，通过实际而具体的设计实践工作而成长起来的。在中文字体设计上深有造诣的老设计师钱焕庆，他在访谈中提及1930年代他曾在周焕斌创办的上海华文铸字铜模厂拜师当学徒学刻字，拜师学艺时有庄重的仪式，这个新来的学徒对着他的师傅磕三个响头，以示尊敬。这些在各行各业中具备特别的技能、特长、经验的老前辈与长辈，通常还有一个上海本地发音的尊称——“老法师”，这样的称谓从20世纪初一直延续到今天，在20世纪中叶是一个尤其响亮与备受尊重的身份。

“老法师”作为技艺精湛与专业出色的前辈，在行业同行中拥有特殊的地位。对于专业的尊重，拥有手艺是安身立命之本，这一观念在时代变迁中并没有太大变化，对专业前辈的尊重仍在新的系

① 上海市第二轻工业局日用化学公司要求审批李咏森同志为高级知识分子，1956年10月6日，上海档案馆档案，B163-2-304。

统与机构中延续。然而，在20世纪中期，这一批设计师所面临的情况与原先在上海滩的设计师很不一样，由于设计行业服务对象与工作内容的转变而被注入了新的使命感。

设计在整个国民生产中的位置也与以前不一样了。随着行业之间整顿重组后形成条块分割的生产局面，设计作为生产中的一个环节已经被纳入了国家的生产体系，融入国家提高产业生产能力的计划之中。尤其在1958年“超英超美”的特殊口号之下，设计更是被放置于整体工作的重心，置入于推动国家社会经济发展的计划之中。生产中对产品的品质要求进一步提高，这是一个自然形成的结果。那些原来没有类似专业实践经验的设计师，或者原先只具备某一方面的设计经验的设计师，如今也被放在一个特殊的位置之上，在实际的美术工作中成为能力更加全面的设计师。

设计从业者的身份也由于职业地位和定位的变化而产生转变。商业美术家原来给社会上散在的、私营的小工厂提供美术订件的服务，现在进入了国家的整体生产系统，服从于各行各业的生产计划统筹，通过设计使一个行业的面貌整体性提升。尽管设计工作内容仍然具有很大的相似性，但是设计工作的出发点与立足点已经不一样了，产生的压力不一样，承担的责任也不一样。

李咏森、顾世朋等人便是轻工系统日化行业中的“老法师”。李咏森、李银汀原先在中国化学工业社工作，顾世朋原先在新亚药厂与新一化工厂工作。他们原先在日化企业内部的广告部，主要工作是画广告画，都还不具备与日化产品生产直接相关的全面的设计经验，但在上海轻工业局日化公司这样的平台之上，计划生产的压力便迫使这些设计师全面开展产品设计的相关事务，并将以前的设计经验拓展为对产品设计的全面探索上。

上海各日化厂的厂长也很尊重这些“老法师”，也会亲自出动，围绕设计上的需求配合技术攻关，完成技术工艺以最终实现创意，形成生产规模。1964—1966年是顾世朋在设计上最为高产的时期，由四个日化厂对其提供技术设备与人员配备的支持，这些支持都服从于日化公司所开展的产品与品牌的设计创新项目需要。

3.1.4.2 “老法师”的设计观

“老法师”具备其所在行业生产的全面知识与相关的技术，对于设计中所使用的工具，“老法师”也更有心得体会。1957年，李咏森便对当时社会上通用的美术用品的设计与生产情况提出自己的看法与建议：

1. 在水彩颜料方面，建议接近国际水平的金城工艺社在现有的14种颜色的基础上增多几种色彩。

2. 现有水彩调色盒的式样需要改良，增强密封性。

3. 建议水彩画笔由铜接笔杆的进口式样改良为竹笔杆的中国式样。

4. 由于旧有的进口水彩画纸受到画家们的争相抢购，价格抬升，建议以中国1954年生产的国产画纸为样本，提高画纸生产水平[①]。

相对于其他日用品，化妆品则是一个有更大空间让设计师去发挥的产品门类。“在国际市场中，产品包装装潢的材料和工艺质量，往往可以体现生产国家的科学技术、文化生活和艺术设计水平。因此，设计人员必须具备有关化妆品的商品、材料、科技和艺术等方面的全面知识。”[②]社会主义生产环境中形成的“实用、经济、美观”

① 李咏森．我对美术用品方面的几个建议，1957年5月7日，上海档案馆档案，L1-1-116。

② 顾世朋．化妆品的包装设计．装饰，1980（01）：51-52.

的设计原则，适用于各行业的设计与生产，一直到1980年代仍然被推崇与提倡。

3.2 美工组与“美加净”的系列设计

设计在计划经济时代由个体自发的行为转变为国家行为，国家的行政计划自上而下地给予了设计统领性的驱动力。在上海日化公司的美工组于1960年代完成的设计任务中，最为精彩卓越的，便是“美加净”产品的系列设计，由顾世朋领导的美工组统合了不同日化厂的美工力量，为分属于不同企业的“美加净”产品打造了高品质的整体形象设计，充分体现了这一时期设计体制的“给予式”特征。

3.2.1 转变为国家行为的设计

3.2.1.1 急迫而特殊的设计任务

1949年以后的中国面临一个全新的局面，大到整个国家的制度体系的改革，小到各行各业的实际生产，都有机会与空间进行设计试验。轻工业所面临的情况则更为急迫与特殊。国内以计划生产、合作、协调为主，主要任务在于“促进生产”，重视行业内的分工与合作，因而产品本身的市场竞争力并不受重视。然而，中国的产品进入国际市场时，则必须展现出其具有竞争力的一面，国内产品的市场竞争力不足，也影响到对外贸易中产品所体现的竞争力。外贸商品的包装设计与广告设计大都处于落后与滞后的状态，也因此有了提升的空间。

1959年，中国轻工业部召开全国轻工业厅局长会议，会议上讨论了为何中国轻工业产品质量较好，在国际市场上却缺乏竞争力的问题，认为原因在于“轻工业产品的造型设计以及包装装潢比较落后，应该加强工业产品设计，大力培养工业产品设计人才。”[①]

民国时期推动设计体制的两股力量——生产商的推动力量和市场营销商的推动力量，在20世纪中叶都减弱了许多，国家的计划生产成为设计体制的主要推动力量，在国家的计划层面上形成了设计的推动力，也因此出现了像美工组这样以国家的计划为主导的设计体制。

3.2.1.2　日化行业的设计领头作用

1957年9月，上海日用化学工业公司向轻工业局提出将美工组改为美工设计室，上海市轻工业局的批复是“暂不成立美工设计室，仍保持原美工组的名称。”[②]“设计”作为一种职业身份与组织机构设置被正式提出。比起中国其他许多生产领域在后面几十年间仍纠缠于“工艺美术”这一“设计”的代名词，日化公司的美工组具有超前意识与探索精神。

上海轻工业局科研处领导日化公司的生产技术科。科研处的老领导有裘文湘、李树蕃。科研处负责轻工产品的科研与技术革新工作，举办轻工业局美术设计的创新比赛，征集轻工业系统美工设计的成果。两位老领导退休后由蔡乾寿接任管理科研处，蔡乾寿退休后由邵隆图继续接任。轻工业局的生产技术科管辖上海日化公司下设的美术工作组，负责整个日化行业的产品包装造型与新产品设计工作。

李咏森从1953年起担任上海轻工业局美术工作组组长，1957年、1958年，李银汀与李咏森合力撰写了年度与季度的工作报告，展现

① 陈瑞林．中国现代艺术设计史．长沙：湖南科学技术出版社，2002：196.

② 关于日化公司美工组改为美工设计室事由，上海档案馆档案，B163-2-49-26。

了作为国家控制的设计体制的美工组在日化行业的推行情况。

1957 年，美术工作组自 2 月份由经理室直接领导，成立小组，改进全行业的包装造型与新产品设计工作。李咏森、李银汀撰写了 1957 年工作报告 ①，四个季度共设计稿件 331 件，24 种老产品经过改进后投入生产，设计 11 种新产品投入生产，设计投入生产的花样造型 17 件，成套新产品设计 2 套（百花、和平），设计并布置了代营业部、丽水路门市部和南京路样品间，为同业公会和工业产品汇报展览会、塑料展览会绘制展品以及宣传画、宣传标语等工作。

美工组工作过程中也碰到一些实际问题，产品改进过程中，美术组的设计与厂方的意见不一致，对图案的看法不同，需要协商并考虑产品投入生产后的效果，如“万利双”包装的改进，新包装比老包装更美观，销量上有提高。

美工组在肯定取得成就的同时，也诚恳地指出存在的问题，如：1. 组长自我检讨在组内工作抓得不紧。2. 设计包装时没有充分研究产品特点及销售对象，有时不采纳厂方所提意见，有主观生套的现象。3. 组内工作制度不健全，虽然组内也有些分工，但逐渐形成各自为政的状况，没有做到利用集体力量共同研讨。4. 对工作缺乏计划性，对新产品的设计和老产品的改进，没有订出计划，随来随画，因而忙闲不定，工作被动。5. 组内同志同意兼做外稿，并在工作时间中与外界频繁接洽，个别同志将外稿带进组内，不但影响自己工作，还影响了别人，组长思想意识模糊，没有及时制止。6. 美工组和各科之间的联系造成工作中的不协调，个别同志骄傲自满、自以为是，

① B187-1-42-101（美术工作组第三季度工作总结，1957 年 10 月），B187-1-41-11（美术工作组 57 年度工作总结），上海档案馆档案。

不接受同志们提出的意见和看法，过分强调自己的观点，态度生硬，造成意见分歧，有碍工作进展。

针对上述所提及的存在问题，美术工作组提出改进意见如下：1. 加强组内领导，开展民主生活。2. 建立健全的工作制度，加强管理，……组内必须停止兼做外稿，全心全意地为基层厂服务。3. 工作计划化，订出季度年度工作规划，尊重厂方意见，以协商的精神来改进全行业的旧包装，同时加强各科的联系，明确分工。4. 培养新生力量，充实日化产业美术工作的后备人员。

该报告由李咏森和李银汀于 1958 年 1 月 9 日完成，报告中主要强调集体精神与团队协作，对于“做外稿”的行为持反对意见，有意弱化设计的商业性与竞争性，强调设计的服务意识。

1958 年李咏森在日化公司退休后，顾世朋接起李咏森的担子，负责起日化公司的美术设计任务。顾世朋的编制在日化公司的技术科。2013 年，我跟随导师采访顾世朋的儿子顾传熙时，小顾老师拿出一个饱经沧桑的白瓷笔洗，告诉我们，这个笔洗最早是由李咏森送给顾世朋的。顾世朋与李咏森在日化公司工作时共事融洽，私交也很深厚，后来顾世朋将笔洗传给儿子，郑重讲明来由并且叮嘱他好好保管。这一件传统的文房用品，在今天这个信息时代似乎已经失去原来的实际功用了，但却体现出几代设计师之间的设计情怀，传递着深深情谊

图 3-2　顾传熙与笔洗

与殷殷重托。

3.2.2 外贸活动与设计空间

3.2.2.1 计划体制下的生产与营销

在社会主义制度探索的初期，由于计划经济建立在社会生产资料公有制的基础之上，“国家对经济运行或经济发展采取有计划、有组织、直接统治社会经济生活的资源配置方式。”[①]整个社会就像一个由各行各业整合而成的超大型生产机构，各个企业在生产与营销上的计划性特征均十分明显。

计划经济时期，卖方市场的特点十分突出，“供销”的概念十分明确。当时整个社会在日用品供给上相对紧缺，采取凭票证购买的方式，国营商业和供销合作社提供商品流通的渠道。以肥皂为例，上海制皂厂生产肥皂后将产品发往各级批发站，由批发站分配到各级零售商店，再由居民凭肥皂票到指定销售点购买。

肥皂作为全球家庭“必需的日用品，欧美各国常用每年用皂数量来衡量”一个国家文明程度的高低与经济情况的好坏[②]。在三年经济困难时期，国内农业歉收导致了油脂紧缺，制皂行业也连带受到了影响。为了稳定市场价值，上海市对市民实行了肥皂定量供应的办法，规定市区居民每人每月限购1块肥皂，郊区每人每月半块，直到1964年供应情势较为缓和才敞开肥皂的供应[③]。

顾传熙在接受采访时说起了一个生活细节：当时主要为出口而

---

① 傅立民，贺名仑．中国商业文化大辞典（上）．北京：中国发展出版社，1994：29.

② 陈歆文．中国近代化学工业史（1860–1949）．北京：化学工业出版社，2006：123.

③ 上海地方志办公室．上海价格志．［2013–12–10］.http://www.shtong.gov.cn/node2/node2245/node4487/node56918/node56920/userobject1ai45657.html.

生产，国内也有少量销售的“裕华”香皂是由顾世朋所设计的，但是普通家庭那时候根本买不起香皂，洗澡时甚至都用不上香皂，就连设计师自己家里也舍不得用，而是用“扇”牌肥皂，那其实是洗衣服所用的肥皂。可见当时国内民众生活所需的基本日用品在生产与供应方面一直处于比较紧缺的状态。

尽管“发展经济，繁荣人民生活”的口号在生产与商业系统中长期存在，然而实际上人民的生活水平虽然基本脱困，但距离“小康”的标准仍很遥远。当时商品流通高度集中与封闭，国内生活日用品的供应从品种到数量都相对局限，当时所秉持的“经济、实用、美观”三项设计原则中的“美观”要求，还经常让位于“经济、实用”，而无法在服务于生产的美术设计中得以实现。

3.2.2.2 外贸产品的设计——向西方现代设计看齐

1957年春季，第一届“中国进出口商品交易会”在广东广州珠江边上的中苏友好大厦召开，世界各地的客商蜂拥而至。广交会是1950年代中国与国际进行正常贸易交往的唯一一个窗口，中国的产品由此尝试与世界接轨，进入外销市场。外贸出口商品的设计只有和国际上的商业趋势接轨与同步，才有可能在国际市场上站稳脚跟，而这也为1950年代的产品设计打开了一扇重要的窗口。

长期以来，中国出口产品在世界外贸市场上留下了“一流产品，二流包装，三流售价”的口碑，粗劣的产品包装使中国产品给外国客户留下了品质低劣的印象，甚至因为中国出口产品包装粗糙、产品质量达不到标准，外贸赔偿事件时有发生。不仅在商业交往上如此，在文化交流方面，中国的出版物也在国际上让人失望。1959年德国莱比锡书籍展览会上，中国书籍给全世界留下了制作粗劣的印象，铅印排版的书本内页连基本整齐与匀称的视觉效果都难以达到。

因此，各商业与文化机构中的美术设计职能部门都在国家外贸商业与对外交流事业的统筹之下，决心改进出口产品的包装设计与文化形象。各行各业都在努力向西方现代化工业生产的标准看齐。

1957年，上海市广告公司和上海美术设计公司联合在上海美术馆举办"国内外商品包装及宣传品美术设计观摩会"，该活动由徐百益主持。这一类的样品会有效地促进了行业内的切磋与交流。

徐昌酩①于1955年开始在外贸局工作，从事对外贸易宣传工作，1962年担任新成立的上海广告公司的设计科长。当时外贸局管辖的上海广告公司与轻工业局下面的日化公司在出口商品的设计上时有合作。1960年代国内的设计环境仍相对闭塞，只能通过外贸渠道，拿到一些国外的书、画册和国外产品的样品，国内的设计以模仿国外产品为主，设计师的工作通常处于仿造与改造的阶段，创造的成分较少。

1960年代，顾世朋这一代设计师中的佼佼者已经能够做到直接跟外商沟通设计问题了。1940年代在新亚药厂从事广告设计的过程中，顾世朋从国外留学归来的同学身上既学会了英语，又掌握了西文字体设计的基本原理与方法。由于产品要销往美国、中国香港，顾世朋便能面对面地与客商交流，根据客商的要求来设计，做到掌握一手材料，既了解客户，又了解市场。正是这一代设计师的努力，使上海轻工业产品中的化妆品在中国出口史上创下了许多个第一②。

"文革"期间，中国的外贸与对外交流活动都受到了很大程度

---

① 徐昌酩（1929—2018），早年学习纺织图案与设计织造纹样，后从事商业美术创作与绘画创作，先后担任上海广告公司的设计科长、上海美协秘书长等职务。

② 顾世朋.我与"美加净".世纪，2007（1）：38-42.

的抑制，直到1972年，尼克松访华后中美邦交正常化，中国重新开始与世界实现交流与交往，外贸活动也再次复苏。

1979年，化妆品行业已经发展出水类、膏霜类、粉类三大品类，“美加净”“蓓蕾”“芳芳”“海鸥”“蝴蝶”等品牌都已经发展为成套化妆品，每年出口贸易额达500万美元。然而，设计师也自我反思，不少产品“造型陈旧、结构单调、规格不齐，文字图案不能充分说明内容、规格性能，色彩上不能适应某些国家的销售习惯，对扩大销售带来不少障碍。”①

顾世朋敏感地意识到从以前推销员推销产品到“超级市场”中产品的自我推介，销售形式上的变化会给化妆品的产品包装设计提出新的要求。他认为不同国家、不同产品的竞争，实际上是包装的竞争，甚至提到了解超级市场的具体销售环境、出国考察开阔眼界、创新包装材料与包装形式等应对措施②。尽管通过外贸而开放的窗口仍然十分狭窄，外贸产品的设计任务仍然给身处特殊年代的中国设计师带来了可贵的设计实践空间，在“实用美术”的层面之上开拓了更多设计尝试与探索的可能性。

3.2.3 “美加净”——统合的产品形象设计与聚合的工作团队

“美加净”最早是由顾世朋在1962年创意命名并且设计了包装的一个出口牙膏品牌，短短几年之间，这个品牌已经发展成为一个包括了牙膏、洗衣粉、香皂、化妆品四大类产品的大家族，并且在行业中形成了统合效应。“美加净”品牌的产品不只在一个工厂生产，顾世朋所领导的美工组对整个行业的设计与生产起统率作用，形成

①② 顾世朋，邵隆图，张传宝.浅谈上海出口化妆品包装.包装研究资料，1979(12)：2-3.

了“大会战式”的设计机制，这种形式带有20世纪中叶中国计划经济体制之下的鲜明时代特征，形成了中间层次的设计体系和设计技术。

所谓的中间层次——既不是一个单个的、具体的企业的自发行为，又不是来自国家的、整体的规定性的设计任务。它就像是一个战役开拓地上的一个支撑点，又像是相持战役中的一个中间阶段，上可以体现战略目标，下可以指导具体的战术和战斗过程的展开，既具有一定的覆盖性，同时也具有具体的可操作性，通过美工组的形式，来达到集中力量完成设计与生产任务的总体目标。然而，这样的做法也并非完全没有矛盾、冲突与弊端，也不一定都能让任务做好，美工组与基础战略单位之间的关系总是处于一种即时的调整之中，厂商的要求和技术条件如何与美工组的设计通过沟通、协调、磨合从而得以实现，这在“美加净”这一品牌的塑造与发展历程中展现得淋漓尽致。

3.2.3.1　“美加净”的设计与生产

1962年，上海牙膏厂有意研发生产一款供应出口的高档牙膏，在试制中采用当时先进的复合软管包装，以补救当时出口牙膏“包装粗糙、印刷质量差、色泽不鲜艳和牙膏内在质量不高等问题，导致外贸赔偿达数十万美元”[①]的重大损失。顾世朋对当时外贸产品普遍存在的设计粗陋的问题抱有很多建议与创想，经过反复思考琢磨，并和相关专家探讨之后，最早的命名是“美净”，后来又添上一个“加”字，最终为这款牙膏命名为“美加净”，据说这一名称的灵感来源于那个春天在中苏友好大厦广场上优雅绽开的白色玉兰花。

---

① 顾世朋．我与“美加净”．世纪，2007（1）：38–42．本节中有关美加净的基本事实多从该文中获取。

凭借自身良好的英文积淀，顾世朋为“美加净”取了对应的英文名称“MAXAM”。这样的品牌命名可谓神来之笔，无论是该产品喻义美好的中文名称或是识别度高的英文名称，抑或中英文之间读音相近的巧妙对译，都具有一种既传统又现代的意味，与当时国际上风行一时的现代主义风格相呼应。

设计师要做好设计，离不开对材料、技术的熟悉，对形的把握和对色彩的敏感。除了在中文和英文命名上的推敲，顾世朋在对“美加净”的标识与包装的整体形式上、色彩上的推敲也费了许多心思。

“美加净”标志的中文字体是顾世朋请同一办公室的另一位“老法师”，写得一手好字的钱定一亲笔书写的。顾世朋对“MAXAM”英文字母的排列，在设计细节上也进行了反复推敲，最后采用了两边对称的形式，并且从视觉规律上调整英文字母的设计。由于“A”字母上半部空白的空间大，因此“A”字母的尖角必须要出头，“X”字母笔画斜线交叉的时候会有膨胀感，顾世朋对此处的笔画线条也作了精细的修整。

在色彩运用上，“美加净”的红颜色是有“老法师”顾世朋自己的独家窍门的——这是含有一点洋红的大红色，以前德国的颜料顾世朋仍有保留，他在设计的关键时刻特意应用一点德国的洋红颜色，再加上一点白颜色，调出来的红色便带有一点荧光效

图 3-3 “美加净”牙膏包装，1957 年（由顾传熙拍摄，载于《DOMUS》）

果，既鲜艳夺目而又稳定厚重[①]。

“高露洁”曾与“美加净”打官司，认为“美加净”模仿其包装设计，结果由于没有确切的抄袭证据而不了了之。其实“美加净”简洁鲜明、对比强烈的包装设计，与顾世朋从1940年代以来便从事的商业美术设计经验有着密切的关联。当时上海的包装设计风格之一，便是现代主义风格——简洁的字体设计与简单强烈的对比色彩的应用。1940年代上海化学工业社在《申报》上刊登广告的“固本牙膏”采用在产品局部套红的形式来引起读者的注意，后来的“美加净”的包装形式便与这一“固本牙膏”具有相似之处，但同样采用红白两色搭配的“美加净”牙膏更为简洁与考究。

图3–4　1946年《申报》上的“固本牙膏”广告

然而，顾世朋看着最终成为商品的产品包装时，经常会泛起一丝无奈，甚至会有一点“怨气”，因为他完成的设计稿被厂里拿走之后，拷贝本身并不走样，但被各厂运用到商品包装和商标上的设计，经常由于各厂美工的素质参差不齐而越画越走样，最终产品上使用的图案与标志便离最开

① 顾传熙访谈，2012年9月，参与人：许平、蔡建军、张馥玫、陈仁杰。

始的设计有点远了。

3.2.3.2 “美加净”的影响力

随着“美加净”牙膏远销东南亚、欧洲、美国等国家与地区，“美加净”品牌的其他产品也逐渐丰满起来，延伸出化妆品系列、洗衣粉系列、肥皂系列，并由轻工业局下属的各个厂分别生产，但由于顾世朋领导的美工组的集中设计给品牌形象带来了统合的能力，不同门类的“美加净”产品即使分布在四个不同的日化工厂生产，也仍然保持统一的品牌视觉形象。

1980年代的“美加净”可谓红极一时，新婚的时候如果将两支红色的大号“美加净”摆上梳妆台，那对于新娘来说可谓是极为体面的，有“美加净”的新房是时髦和喜庆的代名词[①]。而上海日化也由于其领先全国日化产业的整体水平，使得标有“上海”的日化产品成为中国最佳品质产品的代表。

3.2.4 经验积累与技术革新

3.2.4.1 设计钻研与经验积累

1. 求新求精的设计创新

“别人有的我要有，别人虽有的我必须要比别人好，别人没有的我也要有，不断改革创新是设计中追求的最高目标。”[②]——面对中国外贸出口产品的包装设计在国际市场上处于弱势的局面，顾世朋在1960年代便提出了上述的设计宣言，并将这一目标贯穿于他的设计生涯之中。

---

① 周思立．美加净日化办百年回顾展“国民牙膏”跌宕待复兴．[2014-02-14]．http://sh.eastday.com/m/20121011/u1a6912273.html

② 顾世朋．我与“美加净”．世纪，2007（01）：38-42.

日化公司的化妆品设计具有领先性，一方面是因为有这一批善于钻研的“老法师”与年轻美工，另一方面也由于化妆品本身的特殊性。化妆品设计需要设计师具备细腻的感知能力——设计师在熟悉化妆品的具体使用习惯之后，才能把握住每一种类的化妆品的属性和特点，了解内材的质量要求。这几个原因综合起来，使得在那个设计在日用品行业中并没有太多生存空间的时代背景之下，化妆品行业仍能有较为充裕的成本与创想的空间来实现设计师的想法。

2. 从创意到技术实现

这一代设计师的另一个特点，是亲力亲为地做设计，产品从创意到实现生产的整个过程，设计师在多次与工厂沟通时，自己得到工厂去“盯样”，去监督，让生产符合设计的要求。

当时电脑在中国还远远没有普及，设计稿全是手工绘制，从色彩稿到彩色印刷制版时所需的黑白稿，都是由设计师一笔一画勾勒与雕刻出来的。当时在设计与印刷时没有色谱，以前的电子分色也不是完全的电子分色，全靠经验判断来调整颜色的搭配。设计师完成设计之后向厂方提交封样，并亲自到工厂把封样确认好，签字之后作为标准稿，以便生产过程中进行管理和校对。

化妆品的设计先是有创意、有表达，创意被认可之后便面临如何实现的问题，玻璃、颜料、金属、纸张等材料在1970年代中后期已经普遍使用了。顾世朋在《浅谈上海出口化妆品包装》[①]一文中提及不同的内材如何与不同材质的包装材料相适应，印刷厂、玻璃瓶厂、塑料厂派来相关的技术人员分别负责纸张印刷，金属、玻璃制作，塑料工艺等，以美工组为中心，听从顾世朋的指挥，密切配合，

① 顾世朋，邵隆图，张传宝 . 浅谈上海出口化妆品包装 . 包装研究资料，1979（12）：2–3.

设计创意在开模、印刷上出现问题时及时沟通并调整设计，形成一个更广泛意义上的配合团队。

3. 逆求工程——模仿、追赶与超越

1958年1月8日，《解放日报》头版刊登了《英雄金笔的英雄所要——2—4年要赶上美国》的报道[①]，华孚金笔厂要在2—4年时间试制与美国派克牌媲美的100型金笔。试制计划立马提上了日程，计划经济时代在资源统筹与配置上的优势便体现出来了，社会各行各业都为这一支“金笔”的试制任务提供自己的资源，如化工公司为其提供塑料、五金公司为其解决金属配件问题，上海交通大学的教授到厂里协助厂方做物理试验，3个多月紧锣密鼓的研发工作后，“金笔”成功赶制出来，经检测有11项指标赶上和超过了派克金笔。从“大跃进”时期以来，大到导弹、拖拉机、汽车等结构复杂的设备与器械，小到钢笔、化妆品瓶这样一些日常用具与产品，各行业都在“赶英超美”的豪迈口号之下渴望能在最短的时间内达到或是追赶上国际上的先进水平，仿制国外名优产品对于迅速提升中国国内的生产能力与设计能力无疑是一条捷径。

逆求工程——也称为反求工程，这是与常规的产品设计与制作的程序相反的产品生产方法，先行分析已有产品的资料、造型、结构等信息，甚至将成熟产品整体拆解之后对所有零件进行测绘，再推求产品的工作原理。逆求工程作为对国内尚不具备能力生产的产品在设计与制造之前的学习过程，成为这一时期国内各行业经常使用的方法。100型金笔是一个例子，缝纫机、自行车等家用产品在国内设计制造的初期也都有过类似的“逆求”过程，将国外优质产

① 马学新，徐建刚．当代上海历史图志．上海：上海人民出版社，2009：252.

品整个分拆，化整为零，在测绘与组装的过程之中学习国外产品已经相对成熟的制造结构与机械原理。赵佐良在访谈中谈到在仿造日本某款化妆品的咖啡色盖子时，一开始在工厂中试制，怎么都做不到日本产品那样均匀混合的色度，后来经过钻研，将注塑机的料桶管道剪短之后，方才仿造成功。

逆求工程在很大程度上使国内各行业的生产技术水平在短时间内有了极大的飞跃，然而，由于基础设施未能全面跟上，生产能力上也有很大差距，并不是所有逆求工程的项目都能够试制成功，即使某些行业在单个产品上试制成功，但行业的整体生产水平与科研能力与国外的差距仍然很大。产品造型设计是逆求工程中相对易于成功模仿的内容，中国20世纪中叶的大部分产品都仅仅停留在模仿与追赶国外产品的程度，要赶超国外先进产品，这对于当时的中国来说难度极大。也正是在日化产品的造型设计与内材开发上，由于产品本身的单体设计在技术实现上相对简单，因而有了突破与创新的可能。

4. 设计方面的技术革新——电化铝

国内出口产品存在较为落后的产品面貌，亟待开拓的出口市场使以化妆品为首的日化产品在1960年代初期迎来了一轮新产品研发与试制的风潮。当时的顾世朋已经意识到造型的优劣能左右产品的市场地位和价格档次。一只价值8元钱的粉饼，如果没有讲究的装潢，只值几分钱。同样，名贵的香水只有配备了晶莹剔透的精致车料小玻璃瓶才身价倍增。事实上，占成本50%—95%的包装装潢本身就是产品的一个组成部分，而绝不仅仅是附属于产品的身外之物[①]。顾世朋善于用新的材料、新的工艺来表现他的设计创意，在自己的实

---

① 顾世朋，邵隆图，张传宝．浅谈上海出口化妆品包装．包装研究资料，1979（12）：2-3.

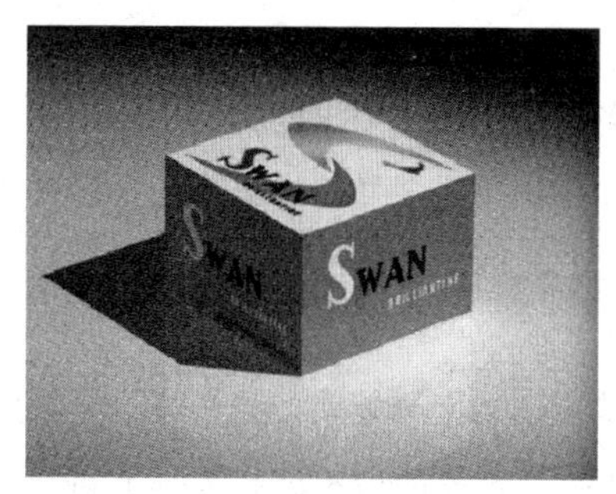

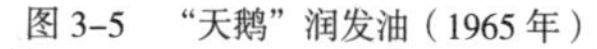
图 3-5 “天鹅”润发油（1965 年）

图 3-6 “芳芳”粉饼盒（1964 年）（载于《DOMUS》中国设计百年）

践中坚持创新，在领导美工组开展化妆品科研创新的过程之中，也亲身指导美工组中的年轻学徒，强调新的设计要由新的工艺和材料来配合。

由于国外化妆品上的烫金工艺在光泽度和亮度方面都很好，顾世朋便与外贸公司的包装材料进口小组合作，由顾世朋制订计划引进电化铝技术，再交给印刷厂去试验，后来慢慢摸索成功，第一个用电化铝烫印的产品就是顾世朋设计的天鹅发蜡的包装盒。天鹅英文单词“Swan”的首个字母“S”被设计为两道反向承接在一起的弧形，其中一道弧形便采用电化铝烫印技术，一边用蓝色的油墨印刷。“天鹅牌”化妆品也形成了产品系列，1965 年生产的润发油、剃须膏等产品也都使用电化铝烫印“S”弧形的包装设计。电化铝技术迅速地运用到日化制罐厂的产品配套生产之中，“天鹅”发蜡的瓶盖也是锃亮的电化铝烫印，由工程师王世伟试制成功。

1964 年试制成功的“芳芳”粉饼盒，顾世朋采用了金色与黑色的色彩搭配，采用圆润的六边造型，将中国传统漆器的美感融入粉盒的质感设计之中，在工艺上也应用了电化铝的烫印技术。当时上海日化四厂专门成立电化铝车间，从上海日化制罐厂调到上海日化四厂的工程师何兴章配合顾世朋实现设计创意。顾世朋手绘的兰花衬在磨砂的电化铝粉盒底子之上，兰叶纤细柔美的线条用电化铝烫印出光亮的效果，粉盒底部则采用了磨砂的金属色，形成优雅的整体设计效果。

1966年以前，化妆品的创新试制活动十分频繁，“文革”十年一度沉寂，随着“文革”结束，化妆品行业的创新试制又有了新一轮的发展。顾世朋在新时期（1978年左右）设计了“美加净”龙凤香水，香水瓶身采用金属、塑料、琉璃三样材料相结合，再用精美的绸缎外盒加以衬托。这一款产品在研发过程中也经历了很多挑战，经过了反复的试验，龙凤的金属图案最后仍是靠工人手工敲出来的。

“一个新的设计，应当有它的特性，新颖别致，令人耳目一新，

图3–7　“美加净”防盗盖发蜡（载于《DOMUS》中国设计百年）

图3–8　“美加净”龙凤香水（载于1980年代上海家化的美加净品牌宣传册）

具有时代感。”[①]顾世朋这一代设计师也一直在思考如何用设计来体现社会主义文化面貌与精神特征。尽管化妆品设计上的创新与试制多出现于出口产品之上，但随着这些创新工艺与技术的实现与普及，国内的日用品也会迅速跟上，将创新设计应用其中，设计的价值也通过这个角度被社会和时代所认同。那时的设计带有一种“为人民服务”的朴素的民生价值观。

3.2.3.2 国内外与行业内外的设计交流

1957年广交会的召开是新中国外贸发展史上的一个重要的节点。随着“南风窗”的打开，上海凭借自身在20世纪初作为国际商都的基础资源，外贸交流活动也迅速跟上广州的节奏，设计在这个开放与资讯复苏的过程中也获得了应有的滋养。“分散设计，集中评选”的展览工作方针在1960年代初期得到了很好的贯彻与实行。

1957年，上海市广告公司和上海美术设计公司联合举办的“国内外商品包装及宣传品美术设计观摩会”便给各行各业的美工提供了交流业务知识与提高专业眼界的平台。

1962年，美协上海分会举办“实用美术展览会”，此次展览的作品主要来自3家设计公司，由于展出的日用品设计内容与百姓衣食住行密切相关，引起了民众的兴趣，后来中国美术家协会邀请上海美协分会到北京又开了一次展览。

同一年，美协上海分会办还办了“火柴盒贴艺术展览”，筹备塑料皮革制品和玻璃搪瓷器皿的造型展览会，并在行业内展开有关“实用美术”的讨论，体现出1960年代“实用美术”在美术界与工业生产上都引起了足够的重视。在新中国建立初期崭新的社会结构

① 顾世朋.化妆品的包装设计.装饰，1980（1）：51–52.

与社会文化面貌之中，无论是老字号或是新产品都需要新的设计。

1983年6月，上海轻工业局举办"国外样品对比展览"，引进了国外样品619项，共4177件，组织各行业的专业人员观摩比较，制订赶超措施，缩小中国产品与国外产品之间的差距。日化行业也积极响应，9个单位落实了19种新产品的试制任务[①]。

在国内频繁举办展览会的同时，国外设计师到访中国也给美术设计界注入了新的活力。1970年代，保罗·兰德到上海交流，向中国的设计师讲授包装设计的知识与心得，顾世朋将所有资料都整理出来，作为设计的参考[②]。一直到1980年代初期，上海轻工行业的设计仍对国外同行的设计抱持学习与追赶的心态。实现整个行业设计能力的均衡提升，缩小国内外之间的差距，成为这一时期展览与交流活动的主要动力。

3.2.3.3　一批名优品牌的培育

在1960年代上海各行各业"整旧创新"的时代口号之中，上海轻工业系统对老品牌进行改造，使民国时期的优秀老品牌在新时期延续发展。与此同时，1962至1966年间是上海日化行业创新试制活动最为活跃频繁的黄金时期，也是上海日化公司美工组活动最为活跃的一段时期。顾世朋在这一时期为上海各日化厂创立了一批设计上颇具特色的新兴名优品牌，除了"美加净"之外，"蓓蕾""芳芳""海鸥""蝴蝶"等由顾世朋一手创立并主导设计的品牌都已经发展为成套化妆品，根据1979年的统计数据，每年出口贸易额

---

① 郭伟成.提高竞争能力，促进更新换代：上海市轻工业局引进样品找差距.人民日报，1983-06-13（3）.

② 顾传熙访谈，2012年9月，参与人：许平、蔡建军、张馥玫、陈仁杰。

达500万美元[①]。

1956年，上海家化的“友谊”品牌诞生，“上海”牌花露水、“44776”等新品牌也在全国范围内赢得了极好的口碑，中国在“短缺经济”的市场环境中反而集中生产与设计力量打造了一批名优民族品牌。

3.3 20世纪中叶的上海轻工设计教育

3.3.1 轻工业系统的设计与教育现状

1950年代以来，不同国家职能系统中设计力量的分布并不均衡，轻工业系统的美术设计力量相对于文化、出版、商业等系统的美术设计力量来说相对薄弱，难以应对生产中的美术设计需要。据上海轻工业局统计，1960年上海轻工业局下属的14个工业公司中与820多个工厂中，能从事美术设计工作的有71人，其中15人已改做其他业务，21人以一般业务为主，兼管美术设计，专职美术设计人员仅有35人，其中只有10人能够在本行业中从事独立设计工作，人数少，水平低，难以与设计任务相适应[②]。

然而，这个相对弱小的美术设计队伍，面对的却是内容庞杂的轻工产品设计任务。1964年上海市轻工业局关于产品美术设计工作的管理情况总结中，继续谈到了国内日化产品面临千头万绪的设计工作。向资本主义国家输出的出口产品由于市场本身的特点而更加需要时常更新，出口产品共140余大类，花色品种有近万种，这些

---

① 顾世朋，邵隆图，张传宝．浅谈上海出口化妆品包装．包装研究资料，1979（12）：2-3.

② 上海市轻工业局关于产品美术设计工作的管理情况，1964年，上海档案馆档案，B163-2-1819-1。

产品在造型、包装、装潢上均需不断进行设计[①]。

由于设计任务繁重，美术设计人员紧缺，生产局面与设计人才之间不相适应，使轻工业系统的美工培养成为一个亟须解决的问题。因为“工业美术设计，既是艺术创作，又是产品生产，不同于一般的生产管理，然而又必须与生产管理密切结合。”于是，轻工业系统中美术人才教育采取了因地制宜的培养方式，形成了在专业院校中打下专业基础，在实际的产品设计工作中进一步提高业务能力以适应生产需求的基本格局与培养程序。

3.3.2 上海轻工业专科学校的造型美术专业

1959年，上海市轻工业学校在上海市轻工业技术学院（1956年由第一轻工业局筹建）和第二轻工业技术学院（1956年由第二轻工业局筹建）的基础上建立。这所为轻工业系统培养输送专业人才的专业学校响应上海市轻工业局的指示，增设了造型美术系，同年开始招生。1959年对于新时期的上海美术设计人才教育与培养事业来说是一个新起点，上海美术学校也开设了中专学制的造型美术设计专业，为文化系统与轻工业系统输送人才。

上海并不是1949年以后中国最先开展设计教育的城市，1956年中央美术学院的工艺美术系脱离本部，由庞薰琹主持筹建为中央工艺美术学院，标志着中国工艺美术（艺术设计）教育的发端。庞薰琹在建校时提出“四点三化”的设计理论思想，提倡“深入生活、学习传统、强调实践、重视理论”。然而，由于上海相对于北京以

---

① 上海市轻工业局关于产品美术设计工作的管理情况，1964年，上海市档案馆档案，B163-2-1819-1。

及国内其他城市来说具有更好的产业基础，尤其是轻工业系统的恢复、整顿与重组的情况相当顺利，上海轻工业学校、上海美术专科学校等机构培养的美术设计人才，在某种程度上更好地实践了庞薰琹所提出的“工业化、日用化、大众化”的工业设计的设计理想。

为了解决上海轻工业系统急需美术设计人才的问题，上海轻工业学校的中专学制造型美术专业应运而生。方锡臣、程富才等人便是上海市轻工业学校 1959 年招收的第一届造型美术专业学生，方锡臣是从硅酸盐专业转入造型美术专业的，其他学生也都不是专门学美术，而是由于有一定美术爱好而从上海轻工业学校的机械、化工等其他专业中转入该系。1960 年，招收第二届造型美术专业学生时便是全国统招了，在具有美术基础的考生中挑选了 40 位学生，分为 2 班教学，1961 年又招收了 30 名学生。

当时上海共有四个专科学校，轻专（上海轻工业专科学校）、版专（上海出版印刷学校）、美专（上海美术专科学校）和纺专（上海纺织专科学校），轻工业学校的造型美术专业曾一度最为热闹，轻专最先挑选学生，生源最好，师资也很强大。由于上海早期商业美术活动的繁荣，这一时期上海轻专的师资队伍也具备了其他城市的美术设计专业所不具备的一些优势，如从上海牙膏厂、上海日化公司、甚至银行等单位中抽调以前从事商业美术设计的人才担任专业教师。

国画家黄幻吾[①]担任造型美术系系主任，教授国画课程的还有尤小云、王韵笙等国画家。水彩画家张英洪[②]教授水彩画等绘画课程，

① 黄幻吾原在上海搪瓷工业公司担任美术装潢室主任，于 1961 年调入上海轻工业专科学校。

② 张英洪 1931 年出生于上海，1946 年在上海美专图案系求学，1949 年转入杭州国立艺专学习，1954 年在同济大学美术考研室任教，1960 年转入上海轻工业专科学校美术考研室任教。（载于《张英洪教授艺术大事记》，《美术报》，2013 年 2 月 2 日）

陈方千教包装设计的专业课，另外有杨伯能、樊树人[①]、李银汀、吴祖慈、王敬德、王务村、胡汉良、周礼强、沈金龙[②]等教师。颜文樑、李咏森等知名画家担任上海轻专的顾问，慢慢形成一个成熟的师资队伍。

第一届学生毕业后，分配到上海轻工业系统各领域的有关单位。第二届毕业生由于当时上海轻工业学校改为由国家轻工业直接管辖而分配到全国各地。据赵佐良回忆，1960年第二届造型美术专业共两个班，入学时共有40名学生。由于经历了三年自然灾害，这一批学生中陆续有人退学，最终毕业17人，其中10个同学留在上海，7个同学分配到全国各地。当时全国各地都缺乏轻产品设计人才，上海轻工业专科学校的毕业生在全国范围内都很有名气，很受欢迎，毕业生中有分配到四川省、云南省的轻工业厅、钟表研究所等单位的，留在上海的10个同学由上海轻工业局分配到各个单位从事美工工作。赵佐良的妻子俞凤鸣是他的同班同学，毕业后最早分配到上海的回力橡胶厂（后来改名为上海市第六橡胶厂）从事回力牌运动鞋设计。到了1964年，共有66名从上海各大专、中专院校毕业的美术设计专业学生陆续分配到轻工系统的各个单位，从事美术设计

---

① 方锡臣访谈中提及樊树人，他由上海美专毕业，是“那个年代最正宗的工业设计师”，他为上海轻专写了专门的教材，但由于身体问题而没有教课，在他手里虽没有出过大的设计，但是包装设计做得很出色，主要从事说明书、合格证、广告等设计，轻专的学生每两周去拜访他，得到指导。四清运动开始后他回到协昌缝纫机厂（中国最早的缝纫机厂，生产“蝴蝶牌”缝纫机），在早期“无敌”缝纫机商标的原型设计了“蝴蝶牌”缝纫机商标，后来由方锡臣修改完成商标。“四清运动”后便去世了。

② 上海市轻工业学校关于报送职工名册的报告，上海档案馆档案，B163-1-1036-9. 转载于《上海艺术设计发展历程研究（1949—1976）》，张磊，苏州大学博士论文，2012.

工作。[①]

轻专的学生在毕业初期由于缺乏经验，在各生产单位中还不能做产品设计，均在各自分配的单位中设计横幅、出黑板报。然而，上海轻专对上海轻工业系统设计力量的培养起了奠基性的作用，上海轻专的早期设计教育为这批毕业生打下了扎实的底子，在后续的生产工作中他们再通过“美工组”师带徒的形式得到进一步的提高。

3.3.3 美工组中的师徒设计传授与指导

3.3.3.1 轻工业系统“美工组”形式的确立

1964年，“美工组”——“美术设计研究工作组”的简称，作为一种设计组织制度在轻工业系统中确立起来。由轻工业局、专业公司、工厂形成三级分工，由轻工业局的科研技术处来负责总的管理工作，公司由一位技术科专员负责业务领导，邀请公司、工厂中水平较高并有行业代表性的美工人员组成“美术设计研究工作组”，从设计组织制度的层面上把美术设计队伍确定下来。并且制订了以下原则：

1. 原先在单位中转行从事其他工作的美术设计人员要求重新回归设计工作，将这部分的人才力量充实到急需美工的企业之中。

2. 对各行业以及各企业中的美工力量进行均衡调配，从美工力量强的行业、企业中抽取人才支援力量弱的行业与单位，以实现轻工系统的整体美工力量的平衡发展。国家职能部门的计划性、统筹性与行政的指令性在这一原则中得到了充分的展现。

---

① 上海市轻工业局关于产品美术设计工作的管理情况，1964年，上海档案馆档案，B163-2-1819-1。

3. 使院校新毕业的美工力量在实践工作中得到充分的培养与训练，以充实基层的美术设计力量。

4. 上海轻工业系统与美术家协会、美术设计单位、美术学校形成协作关系，以充分利用社会上的美术设计力量来协助轻工业系统的美术设计工作[①]。

“美工组”的形式是一种既不离开原单位的设计与生产实务，同时又可在短时间内使得到提高的人才培训方式，最早在食品与日化系统中试行，随后在整个轻工业系统得到推广。

3.3.3.2　食品日化公司“美工组”的设计

由上海食品日化公司的人事处牵头，上海轻工业学校的毕业生于1963年毕业分配到各单位，但由于缺乏实际的设计实践经验，上海轻工业局决定“采取了三结合的办法，工人与美术设计人员，学校、美术家协会与生产单位，工业与商业等三结合的办法，组织动员有关人员成立9个专业设计小组，参加重点公司、行业、工厂等具体设计工作。”由于企业的生产任务繁重，厂里美工脱产学习的困难较大，科研技术处从各厂挑选优秀青年美工到各专业公司集中培养，培训与业务结合的方式便是一种有效的人才培养方式。这种“师带徒”的试验形式于1964年最先在上海食品日化公司及公司管辖下的部分工厂试行，一共组织签订了五对师徒合同[②]。

这一年，有两个青年美工分别与上海食品日化工业公司生产技术科的两位老师正式签订了师徒合约。赵佐良在上海轻工业学校学习期间，实习期便分到日化公司跟随顾世朋接受指导，也由此结下

①② 上海市轻工业局关于产品美术设计工作的管理情况.1964年，上海档案馆档案，B163-2-1819-1。

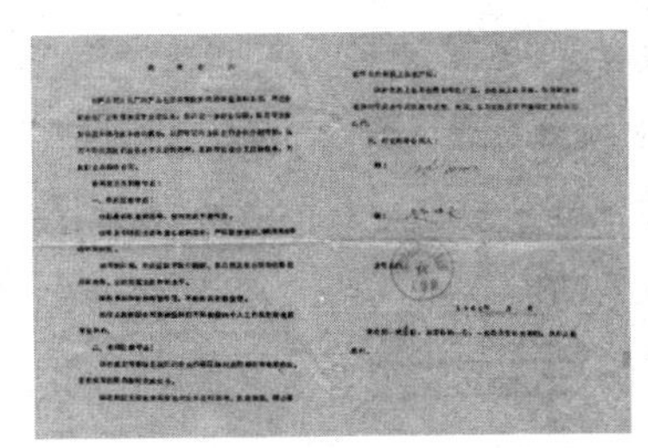

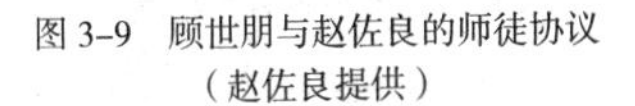

图 3–9 顾世朋与赵佐良的师徒协议（赵佐良提供）

图 3–10 顾世朋与美工组成员一起研究发乳商标设计（载于顾世朋的《我与“美加净”》一文）

了缘分。赵佐良 1963 年毕业后分配到上海日化二厂，1964 年便与日化公司签订了师徒合同，他至今仍保留着这一份 1964 年 1 月 31 日签订的“师徒协议”。顾世朋成为赵佐良的老师，继续指导他的设计工作。1959 年入学上海轻专造型美术专业，1962 年毕业分配至上海泰康饼干厂工作的成宏生，则与钱定一签订了师徒协议。协议中将学徒的学习内容作了详细的规定，包括掌握黑白稿、色彩应用等。当时食品公司与日化公司尚未分家，由上海食化工业公司人事科签发的协议一共五份，师徒双方各执一份，其余三份交由公司存档，师徒协议的签订，意味着“美工组”这一形式的正式确立。

各个日化厂富有经验的美工也在美工组的工作团队之中。随着各厂美工带着各自厂里的设计任务来到公司的美工组，生产技术科的“老法师”顾世朋、钱定一等人便分成食品组与日化组两组人马，都在上海四川中路 33 号轻工业局大楼的 5 楼的同一个办公室里，集中指导各厂美工完成试制产品与生产产品的包装设计任务，并在这一过程中将设计经验传授给年轻的美工。

当时日化公司的美工组有顾世朋、周伯华、汪海澜三位“老法师”和赵佐良一位学徒，1965 年，日化四厂的刘百嗣也到美工组来工作。各厂的年轻美工把厂里的任务带到日化公司的美工组，由顾世朋、周伯华、汪海澜等老师一起辅导设计。

周伯华（画彩色稿）、汪海澜（画黑白稿）等老师的编制在日化四厂，但在日化公司画设计稿，很了解手工制版分色的技术。

食品公司的美工组有钱定一、江爱周、成宏生（学徒）。钱定一是画家，山水、花鸟均擅长，书法诗词也精通，在业内有“诗词画三位一体”的美誉，九十六岁高龄去世，上海泰康食品厂的金鸡饼干、牡丹亭饼干均是他的得意之作。钱定一设计“牡丹亭”品牌的饼干盒时，借鉴了铺满玫瑰花的英国饼干盒的形式，设计了彩色牡丹花盛放于黑色铺底上的饼干盒。他手绘的苏打饼干也惟妙惟肖，这一手绝活儿令赵佐良至今印象深刻，赞叹不已。江爱周设计了大白兔奶糖的贴纸，大白兔从蘑菇里跳出来的图案便出自他之手。

虽然轻工业局对“师徒制”作了明确的规定，每个老师只能带一个学生。但大家同在一个办公室工作，各位“老法师”的独门手艺也都让这批年轻学徒受益匪浅，年轻的美工学徒们尊称顾世朋为“顾老师”，钱定一为“钱老师”，周伯华为“周老师”……“老法师”们由于专业技能精湛而受到了充分的尊重。

当时还没有电脑，彩色稿、黑白稿、文字说明等所有设计全部由美工手工画稿完成，例如分色印刷时所需的黑白稿，需经过手工刻版，再进行喷绘处理，最终形成样稿，绘制过程十分复杂。学徒们便帮老师们画黑白稿，并且参与了一些产品设计。

1964年，“三年困难时期”刚刚过去，国家经济渐渐好转，各行各业正在努力搞“会战”，试制开发出口产品来配合外贸工作。顾世朋参与广交会，听取外商的意见，回到上海后便开会和美工组多位成员一起讨论新产品的开发与试制工作，“美加净”“蓓蕾”“天鹅”“芳芳”“海鸥”等品牌都是这一时间创立的，由顾世朋组织下的美工组完成。顾世朋在办公室墙上挂了一个记录项目日程与完成情况的表格，当时有很多设计项目同时进行，因而表格中清晰地反映出美工组手头有多少个项目，每个项目完成的预期时间，由谁完成，做完的项目便打钩做上记号。

顾世朋与钱定一两人各有特长，日化公司与食品公司在完成具体设计项目时常有合作，顾世朋重视商业美术与广告设计，钱定一则对国画、图案与装饰画有更深的研究，“海鸥”“天鹅”“美加净”的中文字体均为钱定一手写。

“美工组”除了生产实践之外，还组织各式活动，通过了解生产、体验生活的形式来提高创作能力与创作热情，组织美工组参观展览会、博物馆以开阔眼界，组队参加广交会以了解外贸出口的实际情况与国际市场的新趋势，通过专业讲座与专题讲座以充实专业知识，还组织下乡采风活动。顾世朋也跟青年美工一起下乡，对青年美工进行创作指导。

“美加净”便是在这样的背景之下诞生的，分属不同企业的“美加净”产品由于美工组的强力整合设计而形成了统一协调的视觉形象。

3.3.4 “文革”期间的轻工设计与教育

3.3.4.1 被审查与改造的设计

1966年，“文革”一开始，一批在“文革”之前做出了卓越贡献的工艺美术教育者与实践者，如庞薰琹、郑可等人被错划为右派。全国的轻工业生产停滞不前，设计需求大大减少。上海轻工业系统也有一大批美术工作者的工作受到政治运动的干扰，导致设计教育与设计实践停滞不前。

化妆品行业的生产与设计在“文革”期间首当其冲，被说成“资产阶级太太小姐的奢侈品”。上海家化厂和其他日化厂的化妆品生产受到了很大的打击，许多创始于民国时期名优产品在这场文化浩劫中几乎完全改换了面目。

1966年5月，在“文革”山雨欲来风满楼的舆论情势之下，以摩登女性梳妆的形象作为图案的化妆品包装也受到严厉的谴责。轻工业局与商业一局讨论后决定以“新图案三分之二，老图案三分之一”的比例“搭用试销”，之后上海市日化公司仍接到许多来信“严正批评”“‘蝶霜’‘雅霜’老图案宣扬资产阶级腐朽的生活方式”，于是向轻工业局请示停止蝶霜、雅霜原先使用的老图案外盒包装：“在当前‘文革’新的政治形势下，‘蝶霜’‘雅霜’的老图案确已不宜继续使用。”为避免国家物资遭受损失，日化公司提出以下建议：

“1. 蝶霜、雅霜老图案原则上应立即停止使用，已经印好的和在印的老图案外盒用完为止，不再添印。

2. 新图案‘蝶霜’‘雅霜’诸商业部门迅速与消费者见面，进行必要的宣传说明。”

6月4日，轻工业局作出批示回复，同意日化公司的建议，并指出“明星”花露水等化妆品上的包装图案近日来也接到多方面反映的意见，“希望结合‘文革’的精神，进行认真严肃的审查，并作妥善的处理和有计划的改革。”①

从民国时期的广生行便生产沿用的“双妹牌”花露水的商标当时归上海家化厂生产管理，被斥为“两个小脚女人”。1971—1972

---

① 为蝶霜、雅霜老图案外合拟即停止使用的请示报告，上海市日化公司，1966年5月27日，上海档案馆档案，B163-2-219-63。

年间，上海家化厂部分厂房车间甚至被迫转而生产电子管。

张雪父在《包装演变话今昔》[①]一文言及“文革”十年间，包装上“红旗到处飘，葵花到处开，千物一面”，以“惨痛”一词来形容“文革”期间的教训。

由于“文革”红卫兵造反派夺权命名，各行各业的工厂便论资排辈而以编号命名，日化行业形成了一厂、二厂、三厂、四厂，由于上海家化造反队不愿屈尊排老五，于是去掉了“封资修”成分的“明星”二字，改名为“上海家用化学品厂”。

随着“左”倾的政治形势愈演愈烈，“老法师”的专业力量也被要求与群众力量的发动相结合，力求形成“你想，我画，大家改”的协同设计局面。“四清运动”一开始，各日化公司的任务便有所减缩，部分在民国时期记录不良的人员也“靠边站”。汪海澜由于民国时期画邮票的黑白稿，画过蒋介石，于是被借调到日化公司的美工组，他在“文革”期间因为莫须有的罪名被划成右派。

日化公司和食品公司的美工组在“文革”期间停止了。“文革”一开始，顾世朋便被送往奉贤的“五七干校”，住了十年的牛棚。“文革”期间顾世朋设计了许多毛主席像章，还设计了空军、海军两大部队的徽章。赵佐良等从各厂抽调的美工力量也回到下面的工厂。从“四清运动”高涨时开始，设计工作便已经停顿了，厂里开会将这些私方小业主作为“资本家”揪出来批评检讨的时候，上海轻专新毕业的学生便做记录员。“文革”期间这些学生有的被下放到车间劳作，和设计工作几乎沾不上边。每个日化厂仅有的两三个美工大都下放到车间劳动，赵佐良的妻子俞凤鸣也下放到工厂车间劳动，跟老师傅

① 张雪父．包装演变话今昔．中国包装，1981（1）：14.

学车零件，直到“文革”后期才回到设计岗位[①]。

其他各个行业系统中的设计人才也受到了不同程度的摧残，蒙受经济损失。1970年，上海广告公司（上海包装广告进出口公司）被撤销，业务基本停顿。直到1977年，上海包装广告进出口公司才重新恢复业务。经历“文革”之后，“原有的规定废弃了，美工队伍松散了，专业活动停止了，建立起来的基础消失了。”“批‘黑画’、批‘白专’、搞‘红海洋’，在设计领域中设置禁区，加深封锁，禁锢了设计思路，限制了创作题材，束缚了美工手脚。”[②]

“文革”期间各行各业也有一些局部的设计发展。这一时期由于各日化厂的化妆品生产受批评与抑制，日化行业的专业人员在政策的号召之下，深入群众、访问农民、了解普通百姓的生活需求。农民在稻田里被蚂蟥叮出了血，上海日化三厂的工程师邬荣章便研制出“防蚂蟥膏”这一保护性的产品，被称为“工农友谊膏”；冬天农民手脚开裂，便又研制出“丰收”防裂膏，其他日化厂也研制出防冻膏、防热辐射膏、防蠓飞子水等四十几种新产品。这一时期轻工系统也出现了一些“为工农兵服务”的新设计，如上海搪瓷七厂的美工苏春生在深入调查农民喜好之后设计出表现祖国壮丽山河的“桂林山水”图案的搪瓷面盆，上海自行车厂工人黄金城与技术员石正生则开发了双速载重自行车[③]。

---

① “文革”之后，俞凤鸣离开橡胶厂，到上海手帕十三厂的美工组参加工作，由于家庭住址搬迁，后又转到日化四厂工作。

② 产品美术设计管理工作的情况汇报，上海市轻工业局，1980年11月，上海档案馆档案，B163-4-1218-134。

③ 新华社通讯员．为工农兵服务就是我们的方向：上海轻工业企业根据群众意见提高产品质量、增加花色品牌的故事．人民日报，1972-03-20.

然而，这一时期服务于生产的大部分美工在原单位并没有设计任务，除了被下放到基层单位劳动之外，也有美工被借调到其他需要美术宣传的单位。1972 至 1975 年，赵佐良被借去工人文化宫办展览，1972 年尼克松访华期间，上海市工人文化宫办展览会宣传工人阶级的成就，赵佐良找了画连环画的汪观清、韩和平等人，通过市工会从五七干校借出来为展览画插图。根据周总理的指示，对于尼克松访华一事，中国人民要在态度上做到“不冷不热，不卑不亢”。文化服务于政治，对世界观与价值观的改造在这一时期仍是美术宣传的主要任务。“文革”期间各方各面的设计上使用的色彩极为单一，在印刷上主要以红、黄、黑、白四种颜色为主色，色彩上的变化也代表了一个时代的终结，另一个时代的开始。

3.3.4.2 职业大学、夜校的设计教育

“文革”期间，上海轻工业系统响应毛泽东 1968 年关于“上海机床厂从工人中培养技术人员的道路”的“七二一”指示，一度建立了 359 所“七二一”大学。上海轻工业学校也于 1974 年一度改名为“上海轻工业七二一工人大学”①，在以生产为主要任务的社会结构中，工农兵成为社会发展的中流砥柱，各院校从根正苗红的工人与农民的队伍中推荐与选拔大学生。

“文革”期间的职工教育与设计教育由于起起落落的运动而时有中断，缺乏连续性，但也并非完全中止，在政治先行的前提下仍有所开展。1968 年，在“四个面向”的社会发展口号之下，33 个高中生毕业分配到上海家化厂，胡绍铭便是其中之一。胡绍铭进入上海家化厂之后从车间工人做起，后来负责花露水、香水等出口产品

① 《上海轻工业志》编纂委员会 . 上海轻工业志 . 上海：上海社会科学院出版社，1996.

的检查工作。1970年，上海轻工业系统开始恢复职工教育，由8个不同行业的工厂组建成一所联校。胡绍铭因为上过学，会画画，学过美术英语，便在联校中担任老师，教各厂工人的美术和英语课程。

1972年，上海玻璃搪瓷公司在职工队伍中选拔人才，组织“上海轻专七二一大学”的工人设计培训班，虽然这批工农兵学员不是正式招生，但在上海轻专接受的装潢美术教育却让他们的轻工业产品设计技术得到很大的提升。在1973年第二期培训班上，胡绍铭作为上海家化厂的推荐的“工农兵大学生”也参与其中，与他成为同学的还有从上海保温瓶二厂被推荐到上海轻工业学校的包装装潢专业学习的周爱华，周爱华毕业后也应聘到上海家化厂从事设计工作。这一班共有16人。“文革”期间上海轻专的师资力量仍有一定的保障，除了轻专本身原有的教师编制之外，上海美协的画家也过去教课，老画家与青年老师的教学都给他们留下了深刻的印象：国画家应野平①、陈佩秋②、苏春生③、胡振郎④、唐逸览⑤等人都来轻专讲课，上海轻专的教师张英洪、陈培荣、吴祖慈等人继续教授水彩、造型等课程。1970年代末期，随着生产恢复与“文革”影响的逐渐淡化，上海轻工业局下属日化公司开办了职工大学，上海家化的结构工程

---

① 应野平（1910—1990）为专攻山水之画家，1923年从浙江宁海来到上海，在上海模范工厂电刻部当学徒，满师后在富华公司当画工，1949年以前曾在新华艺术专科学校任教，1949年后任上海人民美术出版社编辑室副主任，1960年任教于上海美术专科学校，1983年任上海大学美术学院教授。

② 陈佩秋，1922年生，云南昆明人，1944年考入重庆国立艺术专科学校，1950年毕业，现任上海画院画师。

③ 苏春生，1939年生，国画家苏渊雷之子，毕业于浙江美术学院中国画系。

④ 胡振郎，1938年生，1963年毕业于浙江美术学院中国画系，任职于上海美术家协会。

⑤ 唐逸览，1942年生，1962年毕业于上海美术专科学校，同年在上海中国画院师从其父唐云专学花鸟，1965年毕业留院担任创作员、专职画师。

师沈晓明便是1979年考入该校自动化包装机械设计班的学员。这一时期，许多像沈晓明一样原先在车间工作的工人通过接受职工大学的技术教育，走向了有更大发展空间的技术岗位。

3.4 小结：纳入国家行为的“给予式”设计体制

3.4.1 国家行政计划之中的设计实践

20世纪初的中国现代设计经历了一次自上而下的发动期，20世纪中叶则是中国设计的转型期，各行各业的专家和学者从转换整体文化关系的角度介入产业的整顿、改组与变革，把原来简单的企业经验与行为转变为一种国家行为。这个过程是其他国家在产业发展过程中鲜有的经历，在这一过程中，设计从纯粹的企业赢利模式转变为整个国民经济生产服务的模式。以前我们通常把它作为计划经济生产之下的失败案例来看，但是现在看来这个观点未免过于绝对。在当时的社会与生产发展的具体情况之下，在中国进行的国民经济的整体调整有它的必要性与必然性。正是在调整的过程之中，设计的问题被纳入了国家行为之中，成为整个国家系统调整的组成部分。因而，设计的动机与作为也产生了质的变化。从1960年代以来的设计中，更能看到国家机构作为一股整体的力量对设计起“给予式”的驱动作用，这一设计体制的特征在“美加净”等品牌的塑造与推广中体现为强有力的设计指导与设计执行。

3.4.1.1 自上而下的生产要求与设计任务

中国在20世纪中叶的产业发展经历了所有制调整与产业结构改革的过程，现代设计在这一产业变革的过程之中，也经历了从自下而上的企业自发行为转变为自上而下的国家计划行为的过程。

公私合营的行业整顿让饱受战乱摧损的各行各业在国家强有力的行政整合中形成了区块分割、条理明晰的产业格局，企业的生产过程成为执行国家的行政指令与产业计划的过程。在产业发展初期，种集中有效，计划性特征明显的生产方式使整个国家成为最大的生产机构，设计在行业整合的过程中作为生产中的一个必要环节，也纳入国家行为之中。

上海不是中国的政治中心，然而，自19世纪中叶以来的产业发展与沿革奠定了这个城市作为中国的金融中心与轻工业发展前沿的地位。上海独有的市场经验和上海人特有的聪明勤快，使上海轻工业具有了国内其他省市难以比拟的丰厚的产业积淀，因而上海仍然保持作为生产和消费的中心城市的地位，20世纪中叶实现了轻工业的发展与繁荣，同时也成为设计体制改革的试验田。

日化产业是轻工业中具有快速、敏锐反应能力的一个产业门类，而拖拉机、汽车等大型制造业无法迅速形成较为完善的产业面貌，缝纫机、自行车、钟表等精密仪器制造业由于机械原理与结构已经成熟定型，也难以在短时期内形成很大的产业改观，无法在短时间内使设计面貌形成很大的提升。日化产业既是20世纪初期在中国产业环境中最早与设计产生关联的产业门类，又是在20世纪中期最为积极地开展产业变革的产业门类，上海日化行业中的设计面貌的改观与设计体制变革便显得格外突出。一方面，雪花膏瓶、香水瓶等日化用品单个的体量很小，其生产面貌可以马上得到大的转变；另一方面，其需求量大而具备较大的产值，与民生日用密切相关。

计划生产在新中国成立之后百废待兴的形势之下，具有历史选择的必然性与必要性，日化行业在将不同类别的日化产品进行重组与整合的过程中，也考虑并依据了各企业在生产设备、技术、人才等相关配套条件的情况。日化行业的一厂、二厂、三厂、四厂的命名方式，既与“文革”红卫兵造反派的夺权命名有关，也与计划经济时代以管理军事的方式来管理生产有关。各厂随着生产上了轨道，也曾考虑扩展其他门类的生产线，然而企业中的生产工艺、配套设施、人才的积累与传承，都是使产品具有延续性与开拓性的必要条件，在不具备生产线与配套设施优势的情况之下，各厂之间的跨类生产也难以实现，这也是计划经济时代的生产特征之一。生产门类的单一与限制使行业内部以生产互助为主，竞争性相对被削弱。

“美工组”的形式作为统领行业的设计组织形式，对行业的设计面貌起了决定性作用。1964 年到 1966 年是顾世朋工作状态最好的时期，当时四个日化厂的供应科和技术科的科长都归日化公司的技术科管辖，实际上由顾世朋管理与调配。1960 年代顾世朋有这么大的设计发挥空间，既因为外贸工作中的产品设计亟待提升，也因为整个轻工系统中美术设计人才的缺乏，更因为 20 世纪初期将设计纳入国家行为的“给予式”设计体制所提供的设计机遇。

这是在全世界都很少见的一种设计发展状况，国家从国营体制的企业改革与设计院校的教育着手，试图把 20 世纪初期个别的、分散的、私营的企业以及相应的设计机制，通过所从事的设计活动的类别进行整合与归并，纳入国家经济体制的变革之中，形成了以国家为主导的“给予式”设计体制。设计体制的转变对于日化这一单个的产业来说，不一定能体现出多大的重要性与标志性，但是对于整个中国的设计体制来讲，后来几乎所有的重工业、国防工业的设计体制都被纳入国有体制之中，国家参与设计的痕迹到今天依然非常明显。

3.4.1.2　中间层次的设计组织——美工组、研究所等设计组织

日化产业的美工组所具有的典型性与所发生的作用，使上海轻工业系统中形成了一股日化产品设计创新力量，上海日化行业在全国产业发展基本停滞的状态下仍然保持着一枝独秀的状态。轻工系统的其他行业也都采用美工组的形式来组织设计活动，美工组的形式在搪瓷、缝纫机、钟表、印刷等行业中也被普遍沿用，当时国内其他行业也在尝试美工组的设计体制，但由于行业本身的差异性，设计创造力的发挥与成效都没有日化行业的美工组那么典型。

“美术工作研究组”是“美工组”的全称。美工组的典型性体现在它处于中间层次：在行政管理上处于中间层次，作为设计的组织形式也是一种中间层次的存在。

从行政级别上来看，美工组处于国家职能部门行政管理的中间层次。以日化产业的美工组为代表，美工组在工业公司这一层级上设立，而工业公司在“轻工业局—工业公司—日化工厂”的行政层级结构中处于中间层次。美工组的领导者——顾世朋、钱定一的工作在上海日化公司与食品公司的生产技术科的职权范围之内，既受轻工业局科研处的领导，向上接受科研处的行政指导与任务，同时又领导下属各日化生产单位的设计机构，向各日化工厂分配设计任务。美工组在设计视野上与设计任务的分配、协调上，都具有一定的统筹性。

从设计机构的组织形式上来看，美工组也是一种中间层次的存在，是介于独立设计机构与驻厂设计机构之间的设计组织形式。美工组的行政级别决定了它无法完全独立，计划经济的生产形式也决定了美工组的设计实践被纳入国家整体的生产程序之中，成为一个

重要的环节，体现了中间层次的设计体系与设计技术。这既不是单个企业的自发行为，也不是来自国家的整体设计任务，而是处于中间阶段的设计，上面指向设计目标，下面指向设计战术和战略过程，美工组这种介于独立设计机构和驻厂设计机构之间，凌驾于企业之上又受到行政管理和指导的设计组织，在20世纪初形成一种自上而下的、具有强烈的计划性和目标感的、服务于行业整体发展目标的设计体制。

上海日化产业通过美工组的形式，在利用技术与设备的更新进行设计的试验与探索方面作出了一点尝试，这是介于西方模式和中国传统模式之间的过渡性尝试，形成了美工组与供应商之间有效沟通与连接的设计与生产流程。

以美工组为组织形式的设计体制是20世纪中期中国独特的计划经济体制导致的，也因而体现出两方面的特征：

一是计划性。美工组在国家行政职能部门的管辖之下设立，由于其中间层次的行政层级与组织形态上的特征，在计划经济的体制之下显示出设计的计划性。美工组具有行业设计的统筹能力，又由于计划性很强，各基层单位之间的生产与设计互不干扰。计划性是“短缺经济”的特点。每个专业领域都集中地生产仅有的几个品牌产品，既造成单一的产品形象，也使这几个仅有品牌的品质得到了一定的保障，“品牌效应”反而成为计划经济的副产品。生产的计划性也限制了消费的自主性，凭票购买的卖方市场给民众的选择带来了很大的局限性，“发展经济、保障供给”成为计划经济时代很长一段时期的口号，直到改革开放后打破计划性，商品自由生产与流通的状态逐渐复苏，设计才从注重计划性转向为注重消费市场的需求。

二是研究性。行业中的中坚力量的整合，使美工组在命名之初便具有研究的任务，在技术革新、工艺试验等方面，计划性与统筹能力更好地发挥了美工组的研究性。20世纪中叶除了美工组之外，国家职能部门之下还设立了另一类在研究特征上更为突出的机构——研究所。1956年，上海印刷技术研究所成立，集结了一批人从事字体设计的“整旧创新”任务。1964年缝纫机研究所也成立了，对缝纫机的开发、质检、标准化、自动化等方面展开全面的调研攻关。日化研究所、拖拉机研究所、汽车研究所、服装研 究所、食品工业研究所等研究机构也陆续成立。这些研究机构也集结了一批美工力量，进行造型、工艺等设计方面的研究与试验。

其他产业的美工组，以及印刷、缝纫机、染织、钟表、拖拉机行业中的中心设计组，类似于西方企业中的设计中心，但在中国处于国家体制控制下。但是后来，在市场经济复苏和变化的新情况中，国家控制的美工组的设计体制便不太奏效了。钟伯光回忆中，汽车设计行业出现了设计的“两层皮”现象，研究所的设计厂方并不买账，反而造成了资源和人力的浪费。

美工组形式的出现与效果，在组织上与效果上也因行业的差异而存在差别。上海文教公司下辖的生产铅笔、纸本等的工厂中也有美工，但由于单体产品的设计任务较为简单，并没有像日化公司一样组织过会战项目，没有将美工集结起来进行集体创作；而上海人民印刷七厂、人民印刷八厂等印刷厂，由于服务的客户多，美工组会战活动的组织则更为频繁。

这一时期的设计，虽然也呈现出风格、样式上的调整，但更重要的是反映了产业的系统调整，向原来没有设计生存空间的国家计划性的产业体制中，嵌入了让设计行为得以发生与运营的机构和组织。

3.4.1.3 设计的集体实践精神与行动

美工组本身只是一个方便的称号，以日化公司的美工组为例，除了顾世朋属于日化公司的正式编制之外，美工组的其他组成人员的编制都在下属各日化厂。各厂的美工把自己厂里的任务带到美工组来进行指导、提升与设计，形成一个不定期的、松散的、灵活集结的创作团队，一有任务、会战、项目，便将各厂美工组织起来开展工作。美工组也因此成为行业内一个跨越基层单位，并且联结工厂的总设计室，变成企业内设计体制的试点。由于没有独立设计机构存在，在很长的时期中，机构内的设计资源和设计力量成为中国设计水准的重要决定因素。美工组这一将分散与集中相结合的设计组织形式，在美工力量较弱的行业与机构中发挥的作用最为明显。“文革”期间，美工组一度沉寂，“文革”结束以后各基层单位的设计任务逐渐恢复，原先在美工组工作的人员又重新回到日化公司搞会战、做设计。

“会战”作为美工组的主要活动形式，体现了集中人力、物力、财力办大事的统筹能力，是那个独特的年代中集体实践精神在设计活动上的体现，国家这部超大型机器的整体运转能力通过“会战”这一形式得以彰显。

3.4.2 设计文脉的潜流、转换与接续

尽管“文革”期间以化妆品为首的日化产品经常因为“封资修”的问题而停产，然而，各行业通过另一种大众喜闻乐见的方式来美化生活和宣传社会主义文化的尝试并没有停止。月份牌和宣传画，这两种典型的平面设计形式展现了两个不同的时代所具有的截然不同的宣传对象、宣传主题与宣传内容，尽管两者在形式上形成了不同时代的鲜明对比，然而，旧上海商业美术的设计经验却一直延续

到新中国，设计的文脉并没有因为剧烈的时代震荡而全然断裂。

以顾世朋为代表的设计师从骨子里对海派文化的坚持让人备感唏嘘。生活中的顾世朋对个人形象十分重视，一辈子都梳着油光光的大背头，所有跟顾世朋打过交道的人都对顾世朋的形象印象深刻。顾世朋从骨子里对西方文化极为热爱，“所有东西就是喜欢西方的”，这与顾世朋成长于 20 世纪初的上海有关，在他心中成了一辈子的情结。顾世朋的儿子顾传熙小时候有支气管炎，就与顾世朋抽烟过量有关，他经常工作到深夜，烟、茶、咖啡是他的设计伴侣。“文革”期间，他因为设计过海军、空军的徽章，而并没有因对个人习惯的坚持而受到过多的冲击。

1970 年代轻工系统开座谈会的时候，一些画家谈及工艺美术的泛化问题，认为齐白石的国画运用到保温瓶、搪瓷等家庭日用产品的现象有点过于泛滥了，将齐白石的国画运用到痰盂等盛脏纳秽的产品之上，甚至有点亵渎了高雅艺术的意味。国画被运用到日用产品中，从另一个角度说明民众美化生活的期望一直都没有中断，而且随着工业化生产程度的提高，民众生活中日用品更为普及，民众更容易通过设计享受到有所美化的生活。

如果设计师真的彻底被工农化，如果设计所追求的原则只剩下了“经济、适用”，仅仅停留在“实用美术”的层面上，“美观”以及更高的精神追求都不复存在，那么设计行业存在的可能性也就微乎其微了。顾世朋对生活的热爱、细心的观察对和细节的讲究，都体现在他的设计之中，他很喜欢植物，在日常生活中采集不同的花作为设计素材，“美加净”“芳芳”“蓓蕾”等品牌的命名与产品设计，无不与顾世朋对花卉的钟爱密切相关。

尽管顾世朋本人在生活细节上与那个时代的整体面貌并不相符，

有着一种老上海的精致与讲究，从 1960 年代的设计中，可以看到 20 世纪初海派文化与设计品质的延续与发展，看到 1930 年代以来包豪斯的现代主义设计美学的酝酿与发酵。“老法师”作为连接旧中国和新中国的设计链条的一批设计师，在设计领域里把一些好的文化、精神、设计的内在的品质保存下来，立足于时代，同时又努力超越时代。

4　设计师：产业拓展中的“填补式”设计体制

4.1　从计划到市场的产业经济与设计调整

4.1.1　式微的美工组与成长的驻厂设计机构

4.1.1.1　松绑的计划与复苏的设计

1972年美国总统尼克松访华具有特殊的标志性意义，尽管当时国内各产业领域的生产仍然受政治意识形态的影响，然而随着中国重新与欧美国家建立正常外交关系，上海外贸出口产品的生产也逐渐恢复。1972年，上海家用化学品厂与上海日化制罐厂等单位向上海市革委会工交组、财贸组、计划统计组提交了申请“出口产品专项贷款”的请示。上海市日化公司革命委员会于12月底分别对各厂使用“工业品出口专项贷款”作出了设计方案并上报轻工业局、上海对外贸易局的革委会审批，并于1973年得到了批复，同意向日化制罐厂投资80万元，扩建印铁车间，使“印铁生产能力从每月420万套色，增加到1 140万套色，新增720万套色，其中供出口配套

704万套色。”[①]上海家用化学品厂化妆品生产车间的扩建项目也经同意而启动，投资40万元，“拆除木结构简房和危险房屋760平方米，新建车间、仓库2 500平方米”，建设具备5层基础的高层厂房，并且增添设备，使“美加净”发浆的年产量从“30万打增加至70万打，新增出口40万打”，“蓓蕾”两用粉饼的年产量“从2万打增至6万打，新增出口4万打”[②]。出口产品生产线的恢复与扩建，也带来了设计复苏的空间。1976年“文革”结束对于上海轻工系统的产品生产与设计又是一个标志性的事件，这意味着计划经济体制也开始松绑，国内民众的生活需求随着严峻政治氛围的缓解而日益增长，国家已经开始探索如何迈出改革开放的步伐，在社会各方各面“解冻”的过程之中，基层的设计力量也渐渐恢复并且积蓄起来。

4.1.1.2 “最后”的美工组

“文革”接近尾声，在“五七干校”劳动并接受再教育的各界知识分子也陆续回到工作岗位。顾世朋原本更希望进入当时上海轻工业系统新成立的包装装潢公司工作，在包装设计方面发挥更大的作用，然而由于行政体制的原因，他仍旧回到日化行业，一方面在上海牙膏厂工作，另一方面重新回到日化公司恢复美工组，集结各厂美工继续指导各厂的生产任务，集中力量进行一些创新设计。

经历了“文革”十年，1976年前后从各日化厂重新集结的美工组人员已有所变化，汪海澜等人在“文革”期间已经去世，新一代美工也成长起来，各厂力量有了一定的扩展，但仍不甚均衡。据胡

① 上海市日用化学工业公司关于日化制罐厂1972年工业品出口专项贷款设计方案批复，1972年12月—1973年1月，上海档案馆档案，B163-4-462-1。

② 上海市日用化学工业公司革命委员会关于家用化学品厂1972年工业品出口专项贷款设计方案批复，1972年12月—1973年1月，上海档案馆档案，B163-3-785-805。

绍铭回忆，当时的日化公司在嵩山路一座三层楼的老房子里办公，美工组设在三楼近似于阁楼的一个房间中，安排有四五个固定办公桌位。上海家化厂派胡绍铭来美工组工作，而1960年代在美工组成长起来的学徒赵佐良、刘百嗣等人已经在日化二厂与日化四厂成为设计部门的负责人，不经常来美工组，日化二厂派年纪较大的蔡金海加入美工组，上海合成洗涤剂厂、上海牙膏厂、上海制皂厂、上海电池厂等美工力量较弱的单位仍抽调一个人加入日化公司美工组。美工组规模为六七人，每个工厂的美工继续把自己厂里的新产品项目带到美工组来，由顾世朋指导设计。

上海合成洗涤剂厂的“白猫”洗衣粉最早的桶式包装，便是在美工组内设计完成的。上海家化生产的“美加净”化妆品也已经形成家族系列，镶嵌式的香水包装也在1979年前后试制成功。嵩山路的美工组一直持续到1979年左右才逐渐解散，美工组的概念主要局限于顾世朋这一代设计师。在基层设计单位的美术设计力量相对薄弱的情况之下，美工组存在的必要性体现得最为充分，带领基层单位完成设计任务，实现不同历史时期之间设计组织形式的过渡与转化，并为改革开放以后的基层设计组织培养了一批设计人才。

4.1.1.3　厂内中心实验室的成长

1978年的改革开放使中国产业经济由依据生产的计划转向了面向市场的行业竞争，各大日化厂内部中心设计室的设计力量也成长起来，企业内部的设计机构成为设计发展的主导力量。当年在顾世朋领导的上海日化公司美工组当学徒的各厂年轻美工，现在也已经成长为各厂的设计主力了，如日化二厂的赵佐良（上海轻校毕业），日化三厂的蒋峻（上海美专毕业），日化四厂的刘百嗣（在上海美专学习两年，在轻校学习两年）、上海火柴厂的美工王劼音。基层单位的设计力量已经壮大，各日化厂都有自己的设计组织，在技术科下设有设计机构，有的叫新产品开发部门，有的叫中心实验室，负责产品的规划和设计。以上海日化二厂为例，当时赵佐良已经成长为二厂产品中心设计室的主任，这个部门后来又改名为产品规划部门，赵佐良成为该部门的总监。日化四厂则以刘百嗣为设计主力，每个日化厂都形成四到五人的设计团队。

随着各基层单位设计力量的增强，日化公司美工组的作用便慢慢淡化了。美工组的“会战”活动减少之后，顾世朋回到上海牙膏厂做了许多宣传革新工作，他设计了“美加净”牙膏的新包装，并且策划多种对“美加净”牙膏进行宣传与推广的商业活动，其中包括与上海牙防所合作做产品宣传。驻厂设计机构了解生产、贴近产业实际需求等优势，也在这一时期的设计中体现出来，在计划经济时代产生了重要作用的中间层次设计组织的力量渐渐消散，基层设计组织的主动权逐渐增大。直到 1980 年代中期，各日化厂仍然请顾世朋去指导各类“美加净”产品的设计，例如上海家化厂的设计团队在 1980 年代也已经成长起来，而顾世朋仍经常被请去上海家化厂指导“美加净”系列化妆品的设计。然而，顾世朋仅以“老法师”个人的专业性对基层的设计任务作出指导，原先统领行业设计的美工组形式所起的影响与作用渐渐减弱了。

4.1.2 上海轻工业局的设计统筹

4.1.2.1 美术设计师的归口管理与职称评定

1980 年，上海市轻工业局科研技术处就当时产品美术设计管理情况作了汇报，首先对“文革”期间“靠边站”接受再教育以及下放车间劳动的美术工作者进行归口管理和身份评定。之前在技术部门的美工作为技术干部，在生产车间工作的美工则属于工人编制，这时统一了美工的编制归队问题，要求下放劳动的美术院校毕业生一律归队，画种不对口的美工也通过轻工业局与专业公司的调整，“熟悉工艺，提高设计能力和业务水平”，“凡是从事美术设计工作的，一律作为技术干部，归口技术部门领导。”①

1979年，科研处制定了“美术设计人员技术职称和任命审批的暂行规定”，明确美工编制，并将美工人员的技术职称定为四级，自上而下分别为总美术设计师、美术设计师、美术设计员、助理美术设计员。其中美术设计员、助理美术设计员由工厂提名，公司批准任命，而总美术设计师、美术设计师则由公司提名，轻工业局审批任命。经过考核，第一批共任命美术设计师8名，美术设计员87名，助理美术设计员34名②。美术设计师的职称评定，意味着新时期的设计在生产系统中的作用进一步得到了行业的认可与重视。

4.1.2.2 渐见成效的展览与交流

上海轻工业局科研处在“文革”后对美工人员进行工作恢复、归口管理的同时，也开始恢复组织与开展轻工业系统中的美术设计活动：一是组织美工参加广交会，参观进口样品和阅览国外期刊；二是召开美术设计专业会议以交流工作经验；三是动员美术设计人员站柜台，开展市场调查，了解市场需求与消费动向，作为改进产品设计的重要依据；四是组织新产品试制，提倡跨业设计，使出口产品做到“适销对路”③。

1978年，上海轻工业局挑头主办了新时期的第一次“实用美术

①②③ 产品美术设计管理工作的情况汇报，上海市轻工业局，1980年11月，上海档案馆档案，B163-4-1218-134。

展览会”，上海纺织局、二轻局、外贸局、第一商业局、文化局下属各单位所有美工都被整合、动员起来参与这次展览会，地点在南京路的一家美术馆。顾世朋是这次实用美术展览是总负责人，轻工业局科研处向各专业公司下达任务，每个基层单位要拿出一定的设计成果来参加展览与评选。美工组在这个“大会战”的过程中再一次承担了重要的指导作用，顾世朋指导各日化厂美工完成具体的设计任务。“美加净”的产品包装与造型设计成为一个重要的命题，各厂美工围绕选题进行构思与创意，再由顾世朋指导完成。赵佐良设计的“美加净”产品整套包装在这次展览上获得好评。顾世朋的大量设计也在这次展览中出现。

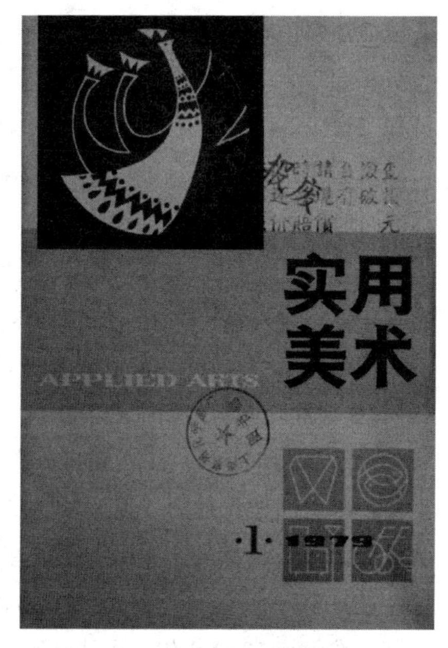

图 4–1　《实用美术》杂志创刊号，1979 年 1 月

展品中既有实物，又有设计稿，大部分展品都采用手工绘制的方式，马克笔刚刚在中国流行，在此次展览上便已经有美工运用马克笔来画设计图稿。“文革”禁锢的十年让人们的眼睛、心灵都饥渴迫切地期待富有新意与创见的作品。据邵隆图回忆，此次展览会一票难求，甚至要到黑市上买票。展览整整办了一个月，之后还延长了展期。

1979年，轻工业局科研处又紧接着举办了“轻工业产品创新设计展览会”，由邵隆图负责展览的整体统筹与布置工作，共展出画稿和实样1 200余件，企业乐于采用，定稿投产率达64%。

改革开放以来，各式展览井喷式增加，上海轻工业局主办或参办的国内外展览会与展销会多达15次[①]。外观设计的重要性也通过展览得到进一步加强与重视，在出口产品方面，轻工业产品外观与内在一样重要，然而从出口创汇的角度来看，“外观比内在更为重要”[②]。

1984年，全国第一次包装装潢设计评比会在湖北召开，这是1949年以来的首次全国性包装设计评比活动，评选出17件优秀包装设计产品和100件“中国包协装潢设计委员会优秀设计奖”获奖产品，顾世朋所设计的“美加净”化妆品包装便名列其中。此次包装设计的评选标准是“实用、经济、美观”的设计原则，结合出口商品“科学、经济、牢固、美观、适销”的十字方针[③]。这时的产品设计标准仍与1960年代的产品设计标准相接近，与国外产品之间的差距仍有待缩减，国外引进的各式样品仍是国内设计人员了解国外技术的市场发展情况的主要途径。轻工业局在1980年代初期仍频繁举办“国外样品对比展览”，如1983年的展览便引进了619项共4 177件国外样品供行业内部的专业人员观摩学习，并将这一方式誉为“不出国的考察”，展览中国内外各行业之间的差距清晰可见，如照相机器件落后国际先进水平一二十年，钟表公司也看到了国内产品在造型、加工水平和品种系列等方面与国外的明显差距，并在

---

①② 产品美术设计管理工作的情况汇报，上海市轻工业局，1980年11月，上海档案馆档案，B163-4-1218-134。

③ 申永．记全国第一次包装装潢设计评比会．中国包装，1984（1）：13-25.

进口样品的启发下提出产品的升级换代计划[①]。然而，除了与国外同类产品的差距，上海产品也面临了国内同行的竞争压力，如何使上海产品在更新换代之后仍具有竞争销售的优势，保持行业领先的问题，也在上海工业发展过程中引起了关注。然而，这一时期的新产品试制面临经费问题。各单位互相“扯皮”、守旧、拖延新项目审批进程等行政管理上的制约与弊端也渐渐显露出来。

1976到1986年，是上海轻工业系统从“文革”的停滞中恢复的十年。赵佐良十分感慨地提及，“文革”十年和“文革”之后摸索改革道路的十年，对于上海轻工业系统的设计来说，几乎是被残酷浪费的二十年，对于赵佐良这一代设计师来说，1986年才是一个新的开始。

4.1.3 上海轻专改革与新时期人才培养

改革开放初期，上海轻工业局在行业生产、商业宣传与教育方面的资源统合能力仍对上海轻工系统的设计面貌产生决定性的影响，随着生产上的设计投入和商业上的设计需求逐渐增大，设计教育的要求也提上了日程。1978年，上海轻工业局决定恢复上海轻工业专科学校，并将原来的中专院校升级为大专院校，1978年由国务院正式批准改名为上海市轻工业专科学校，由77届开始招生，规模为2 400人。丁浩调任上海轻专参与该校的整顿与组建，担任“装潢美术系”主任。

为了摸索改革开放后装潢美术设计教学的新路线，丁浩带领教

---

① 郭伟成．提高竞争能力，促进更新换代：上海市轻工局引进样品找差距．人民日报，1983-06-13（03）．

师团队到无锡轻工业学院（今江南大学）、南京艺术学院考察，发现当时这些院校的美术专业设置与教育情况仍与五六十年代相差不远。因而，上海轻专决定摸索形成自己的装潢美术教学方案。1978年装潢美术系共招了40个学生，分为两个班。学校将基础课与专业课结合起来：在素描教学方面，增强学生对形体结构的把握能力，在图画教学方面则加强了民族传统纹样学习，国画课由于实际作用不大而改为讲座性质，增设摄影课代替色彩课的逼真写生，还增设了平面构成与色彩构成的课程①。这样注重实践的课程设置，使上海轻专的“装潢美术”教育更加贴近于现实的产业设计需求，“装潢美术”是70年代末80年代初“设计”的代称，课程设置与实践训练使上海轻专的“装潢美术”专业与传统的美术专业教育拉开了距离与层次，真正形成了设计教育与艺术教育的差异性，这与丁浩等一批轻专教师经历过20世纪初上海繁荣的商业美术实践，积累了丰富的设计体会与经验密切相关。

1980年，轻工业部在重庆办首次“全国轻工产品包装装潢评比展览”，轻专的首批在校学生尚未毕业，让这批刚上完两年基础课的学生应邀参加展览，无疑是对该系全体师生专业能力的一次重大挑战与促进，经过暑假和近半个学期的准备，最终挑选出129幅作品，由丁浩带领装潢美术系全体同仁到重庆参展，这个浩荡的上海轻专团队包括了十几位教师与四十位学生，是去重庆的外地学校团队中最为壮观的，上海轻工系统的设计教学改革与成效引起了全国同行的关注与效仿。展件占了两间半展室，由于设计风格与形式灵活多样而得到了许多认可与赞赏，这相当于一次成功的上海轻专装潢美

① 丁浩．美术生涯70载．上海：上海人民美术出版社，2009：53.

术教学的成果展示。

装潢美术系也连续在上海本地举办了几次“装潢美展”，如1979年在上海复兴公园办“基础教学作业展”，1981年举办“装潢美展”等，让学生的作品与公众见面并得到社会的关注、批评与认可。

1984年，上海轻专拨给2两万元的经费支持轻专师生举办了第三次“装潢美展”，邓小平的“面向现代化，面向世界，面向未来”成为此次展览的口号，丁浩为展览题写了既非篆书又非隶书的“新为美”点题语，这一标题和展览展示的作品，在当时引起了不小的争议——传统与现代孰轻孰重，如何在现代设计中有所体现？传统的美术资源如何运用，现代的设计又如何实践？展览最前面挂上12幅整开纸张画成的大招贴，以展示学生们对各种风格与形式的探索，通过一些玲珑的制作小品来调节展览的整体气氛。

展览期间举办了三次座谈会，上海广告界、美术界与轻工业界人员均主动参与，并且发表了许多见解。上海玻璃器皿厂的胡永德指出当时厂方的实际情况是要卖掉库存，但却很赞成将创新设计应用到产品生产之中。漫画家乐小英提出展览内容“洋”了一点，“传统”少了一点。也有人提出展览内容相对稚嫩，许多创意构思尚不成熟有待完善。社会上的强烈反响，也从一个侧面反映出改革开放以来设计给产品、给民众的日常生活带来的一些创新和改善的可能，也越来越被大众所关注与认可。

上海轻专除了正式的大专学历教育之外，也开办夜大学等面向民众的教学活动。1985年，上海轻专夜大学成人教育经过轻工业局批准后成立，设有装潢设计、装饰画设计等专业。

新时期的上海轻专凭借上海的城市优势与轻工系统的支持，创造了当时其他院校所缺乏的设计教育条件，培养了一批现代设计人才，有效地支援了上海轻工业系统的美术设计。上海家化厂的沈缨、陈烨等新一代优秀设计师，便是在丁浩带领下实现改革的上海轻专美术装潢系的毕业生，有效“填补”了当时产业中设计人才的短缺。

4.1.4 露美：兼有计划与竞争的大会战

上海轻工业局科研处邵隆图于1980年开始组织的“露美”成套化妆品的设计便是一个兼有计划与竞争的大会战，美工组的设计体制在“露美”的设计过程中既有所沿用也有所变化，体现了过渡时期的社会因素对设计的影响。设计教育的空缺由上海轻工业学校的教育实践来“填补”，亟待满足的社会需求与产业中的断层也逐渐显露出来。

4.1.4.1 复苏的广告与商标

直到1978年，国内媒体仍然禁登广告，1979年在改革开放过程之中是一个开启性的年份，这一年，国内重新恢复了商业广告，认为广告作为商品推广与宣传的一种重要活动形式，也可以为社会主义国家所用。这一年，西单的民主墙移到月坛公园，原来的民主墙成了广告墙，从“民主”“自由”和“人权”的呼声变成了紧跟市场风声的“广告”“营销”与“宣传”，民主、自由等观念伴随着市场经济的观念，一同进入中国。广告设计在社会上渐渐得到支持并且越来越受重视，企业形象的概念也开始引起企业的关注。

1979年上海市开始着手恢复各行业注册商标的工作，上海家化厂作为日化行业的试点机构，由上海市工商局指派一个商标整理小组在上海家化厂驻扎三个月负责相关工作。广告宣传的恢复与商标的整理工作是新时期产品设计的一个重要的铺垫工作。

4.1.4.2 从“怕美”到“爱美”：渐变的社会风尚

1978年党的十一届三中全会制定了“对内搞活、对外开放”的经济政策，对各行各业的生产与创新形成了很大的激励作用。在社会物质生活层面上，勤俭节约的消费观念也转变为更加多元的观念，靠近港澳的广东地区和与外国交流密切的上海，城市消费习惯也渐渐起了变化，生活富裕了，对日用品的品质要求也随之提高。在社会思想和文化上，“文革”期间民众“爱美却又怕美”的思想障碍也逐渐被打破。

1. 从单品“凤凰”到成套“露美”

早在1980年“露美”化妆品试制成功之前，上海日化二厂已经开始研究营养型化妆品并于1979年成功研制了珍珠霜，分别以不同的产品名称在国内与国外销售。内销产品叫“凤凰”珍珠霜，由上海日化二厂出品；外销产品叫“上药牌珍珠膏”，由上海医药公司出品，专门销往东南亚、日本、美国等市场。赵佐良为“凤凰”珍珠霜设计了包装。作为改革开放以来国内第一款营养型的护肤产品，“凤凰”珍珠霜在国内化妆品市场上掀起了一股热销潮，民众为了购买该产品可谓“挤破头”，甚至“连百货商店玻璃都搞碎了”[①]，一上市就销售一空，反响极好。大众在“文革”时期被压抑了太久的爱美天性，被一款新推出的化妆品充分激发了。这个产品独占鳌头近十年，全国五十多家化妆品厂都在模仿这一款产品。

上海日化二厂的这种单一品牌产品的生产与营销方式保持领先近十五年，1989年在“凤凰”珍珠霜热销十年之后，又推出了“凤凰”胎盘膏，连续五年保持全国化妆品单一品牌销量第一。当时日化二厂全厂共有五条生产流水线，全部生产胎盘膏这一款产品。

---

① 赵佐良访谈，2012年1月17日，参与人：张馥玫、陈仁杰等。

图4-2 “上药牌珍珠膏”与“凤凰”珍珠霜包装设计（载于《设计策略与表现》，赵佐良，上海画报出版社，2012年10月第1版。）

在主打单体产品形成消费热点的同时，许多品牌也在生产研制的过程中形成了自己的产品家族。“美加净”产品从1962年的第一支“美加净”牙膏，发展到了1980年代，也已经成为由四个日化厂分别生产不同门类产品的庞大产品系统。

正是在人们爱美、求美的时代背景与社会心理的影响下，上海轻工业局率先提出试制高级成套化妆品，以填补中国化妆品行业在这一方面的空缺。

2. 高级成套化妆品的试制依据

开发一套高级化妆品需要较高的试制成本，投入与产出之间是否能够均衡？这样的产品在国内会不会有销路？中国当时的工艺技术是否能够实现，在生产上是否能够跟上？中国是否有能力、有必要试制自己的高级成套化妆品？这一项目在当时的轻工业局引起了不小的争论，成为一度热议的话题。

轻工业局科研处的邵隆图与轻工业局局长办公室的秘书唐承仁成为这一项目的负责人，他们组织人员展开相关的调整与分析，认为当时中国市场上的化妆品产品的定位大多处于中低档，高级成套化妆品在中国处于空缺状态，却有较为充分的购买人群基础，可满

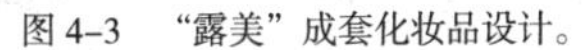

图 4-3 “露美”成套化妆品设计。

图 4-4 上海的露美美容厅

足特殊场合、特定人群的市场需求，比如外宾、侨胞以及上海每年三十万的结婚青年，都有高级化妆品的消费能力[①]。于是，在填补产业空缺与满足社会需求的过程之中，高级成套化妆品的试制项目也给设计提供了尝试与发挥的空间。

4.1.4.3 管理设计的“露美”大会战

1980 年 3 月，由轻工业局科研处负责的高级成套化妆品项目正式启动，邵隆图在“露美”成套化妆品开发的过程中起了重要统筹的作用，组织协调“露美”化妆品的整个设计过程，管理整个项目从产品开发、创意命名、包装设计、执行推广的全过程，从今天设计学的学科分野上来看，这便是在中国设计史上具有开拓性意义的“设计管理”的典型案例。

这一项目经过市场调研与讨论分析后，决定命名为“露美”，进一步阐释为“似露滋润，美尔娇容”，与中文名称“露美”搭配的英文名字为“Ruby”，取其红宝石的含义，在材质上采用国际流行的“水解蛋白”和“素心兰香型”。整套化妆品共 16 件，由 5 件基础化妆品、11 件美容化妆品组成，价格比一般化妆品高出一倍，

① 邵隆图，唐承仁．“露美”成功的启示．上海企业，1985（7）：37-39.

全套售价在60－70元之间[①]。"露美"在包装设计上引进国际上"包装一体化"（packaging identity）的包装系统识别的概念，通过产品包装设计来强化品牌识别。"全套大、小、高、低16件产品，一律以白底、红条、金线、灰字为基调。"[②]该品牌在包装设计与广告宣传推广上，都遵循这一基本的定位。

科研处发动轻工业局管辖的各厂美工就产品造型与包装设计进行集思广益的会战与评选活动，最终上海人民印刷八厂的美工刘维亚的"露美"产品设计获得了认可。刘维亚设计的"露美"整套包装便是在"包装一体化"的概念引导之下完成，并在1981年上海的"生活用品包装造型展览会"上获一等奖[③]，在之后几年中，这套包装多次获得国家与上海市级别的诸多奖项。

"露美"项目从1980年3月开始组织，形成了5个人的核心团队，从试制、设计到推广的全过程历时15个月，总共使用50万元经费，协调了660家工厂[④]，1982年9月"露美"化状品在上海第一百货商店面市，"1984年完成销售46万件，1985年的要货计划达550万件"，风靡一时[⑤]。

"露美"的诞生标志着中国化妆品行业从护肤向美容过渡的历史性转折，然而，从前期策划、试制到设计与生产，形成完整的产品系列，这仅仅是整个设计机制中的一部分，产品面市之后为使消费者都接受产品，还需要许多推广、销售活动的进一步推进。邵隆

---

① 邵隆图，唐承仁．"露美"成功的启示．上海企业，1985（7）：37-39.

② 邵隆图，唐承仁．强化品牌印象是商品广告活动的主题．中国广告，1986（4）：14-16.

③ 易然．"露美"的成功和启示．上海经济研究，1983（7）：21-23.

④ 邵隆图访谈，2012年1月，参与人：许平、张馥玫、蔡建军、陈仁杰、谢雨子、王一淇等。

⑤ 邵隆图，唐承仁．"露美"成功的启示．上海企业，1985（7）：37-39.

图出了很多点子，既有效促进了“露美”产品的推广，也从“露美”的营销实践中得到了丰富的市场经验。

在广告宣传上，“露美”也将在设计过程中对品牌整体形象识别的重视贯穿其中，商店的橱窗、货柜陈列，路牌、灯箱、宣传页等各式广告，包装袋、包装盒以及产品本身的造型与包装，在整体上均以红色和白色为主的色彩基调贯穿始终。在化妆品的配套服务上，1984年底第一家“露美美容厅”在上海的繁华地段开张，成为“露美”化妆品的活广告和新展示平台。“露美”成为1980年代中国对女性之“美”的倡导者、引领者与指导者。1984年，“露美”产品被作为国礼赠送给访华的美国总统里根的夫人南希，更进一步扩大了品牌的国际影响力。

“露美”品牌将产品造型设计、广告宣传与销售服务三者紧密结合的做法，带给上海日化行业许多设计启发，对后来上海家化的“佰草集”在品牌设计与推广方面的相关工作有重要的借鉴意义。

4.1.5　计划科与科研处：设计程序的延展

4.1.5.1　计划科与葛文耀

1970年代初期，一位曾在黑龙江生产建设兵团服务7年的青年葛文耀回到了上海，他于20年之后在上海经营出一个可以与国际日化行业相抗衡的上海家化集团，成为中国日化行业的“教父”级人物。

葛文耀在回忆中谈及1972年发生的两件对他产生触动的大事，一是尼克松访华使中美关系正常化，二是上海市市长陈毅去世。1972年初，葛文耀回上海的念头越来越强烈，1973年，葛文耀回到上海。葛文耀原本出生于上海的知识分子家庭，父亲是知名的建筑师（师从赵深），1966年葛文耀在“文革”风雨将至的前奏中高中毕业，成为开拓中国“北大荒”的万千知青中的一员，在黑龙江生产建设兵团服务了7年。回到上海的葛文耀在寻找工作机会的同时也充实自我，“收过旧货、当过钳工”，做过文秘工作，后来成为上海日化公司计划科的一名科员。

上海日化公司的计划科主要负责组织下属各日化厂每一年度、季度的生产经营计划的编制、审查、下达与执行，并对各厂生产经营计划的实施情况加以审查和统计。计划科作为日化行业的策划室，必须熟悉与了解日化行业各门类产品的生产计划、生产能力、生产规模与生产方向，其中包括了对产品的规划，而这已经是产品策划的组成部分了。

葛文耀后来离开了日化公司，成为上海家化厂的厂长。计划科中产生一个决定产品发展方向的厂长具有一定的必然性，正如英国工艺美术运动中威廉·莫里斯等人在图案设计、产品设计等具体的设计事务之外对设计史具有更大的设计贡献，这一代设计师开发了新的市场方向与设计需求。

4.1.5.2　科研处与邵隆图

在“露美”项目中展现出色的项目策划与统筹能力的邵隆图，他在轻工业局的科研处工作之前，也曾在轻工业系统的基层工作多年。邵隆图于1970年毕业于上海轻工业专科学校，作为造型美术专业的毕业生，分配到上海日化制罐厂，在车间待了十年，先是当了三年学徒，后又当了七年机长。上海日化制罐厂主要的生产任务是马口铁印刷，百雀羚的包装就是由该厂制造并印刷的。邵隆图在毕业时由于喜欢五颜六色印刷的纸张而主动要求去印刷厂，他在日化制罐厂工作的时候便已经显示出很强的思维与实践能力，在技术部门调配油墨颜色时改进了搅拌机，大大提高了生产效率。1970年代末期，邵隆图从上海日化制罐厂调入上海轻工业局科研处当科员。

轻工业局的科研处又称为科研技术处，负责制订并执行轻工业系统各行业的技术措施，举办各项促进行业生产的活动，如展览、竞赛等等。邵隆图在访谈中提起自己在科研处工作时走访了500多家工厂，对各厂的生产工艺与技术情况十分了解。上文提及的1979年“上海轻工业创新设计展览会”便是由邵隆图组织开办的，“新花色、新品种、新工艺、新材料”——这次“四新”展览会将上海改革开放以来的新产品开发汇总起来举办展览，邵隆图津津乐道展览从筹办到开幕仅仅用了一个礼拜。先是寻找场地，上海刀厂有一栋大楼刚建好，四楼一千多平方米空间可利用，紧接着做假墙，需要两立方的木头，还有一百张三夹板，几令裱墙皮的新闻纸，桶、糨糊、热水瓶、刷子、颜料、油画笔、玻璃柜等。他将展览所需的全部基本材料罗列清楚之后，全部由轻工业局批计划，再由各基本的生产单位来供应——轻工系统几乎能够生产举办一个展览需要的所有材料，各种材料应有尽有，确实有效地发挥了计划经济的优势。

这是一次只花了二十元钱办起一个展览的事件，在今天看来是相当不可思议的，而也正是计划经济的特殊性充分发挥了轻工业局对于整个行业的统筹与调动能力，使这样“节省”的展览能够举办起来。

然而，在上海日化公司计划科工作的葛文耀与在上海轻工业局科研处工作的邵隆图，当年在上海轻工业局系统中的个人发展似乎并不是那么顺利，葛文耀自称“总是最晚被提拔的一个”，邵隆图则提及当到科长之后便难以再往上升职了。葛文耀与邵隆图后来都离开了在计划经济中处于统筹位置的国家职能部门，一个下到了最基层的工厂开展生产工作，一个则离开了国家轻工业系统下海创办起自己的企业。这两人在计划科或科研处的工作在内容上具有相似性与关联性，两个人都是从生产控制的角度来介入设计的，都很熟悉计划经济体制之下的指令性生产，同时也都嗅到了国家经济体制变化的风口。计划性的管理环境中所呈现的受束缚、不自由、陈旧的产业面貌已经触及了产业的发展瓶颈与改革关卡，葛、邵二人的工作选择也从一个侧面反映了中国现代设计体制转型过程中设计的专业性逐渐呈现、细化的过程。

4.1.6 下海与留洋：市场竞争与商业利益

4.1.6.1 生产向服务的转化

随着市场经济的观念与做法在社会各方各面渐渐渗透，中国城市的功能定位也悄然发生了改变。上海城市的发展目标从20世纪中叶的发展生产型城市转变为80年代的建设服务型城市与生活型城市，城市经济的发展重心也从工业经济逐步向服务经济转变，设计的角色与定位也相应发生了变化。

在“露美”品牌的推广过程中，让邵隆图感受最深的便是“市场”。为了更好地销售“露美”品牌的化妆品，1984年由邵隆图策划在上海开设了第一家“露美美容厅”。1987年，邵隆图因工作劳累切掉了大部分的胃，他也在这一年离开了上海轻工业局科研处。离开轻工业系统之后的邵隆图投入到“露美”美容厅的扩展事业之中。到了1989年，“露美”在全国范围内开了9家连锁美容厅，邵隆图甚至编写了中国的第一本美容教材。“露美”品牌已经从最初的产品策划与投产逐步扩大了品牌内容，形成围绕品牌化妆品展开的美容衍生服务产业链。这也体现了市场经济环境之下，设计管理者凭借其敏感度对品牌进行拓展与延伸的试验。

综观整个1980年代，“露美”品牌的设计与推广事业持续了近十年，这既是国家机关单位在国家计划下的宏大设计叙事的尾声，同时又是市场经济之下个人设计叙事的开篇。

4.1.6.2 下海：独立设计机构的涌现

1. 个体价值的重新提倡

“个体户”这一名词在1980年代已经重新进入了公众的视野。1981年全国的个体户已经达到了261万，共有从业人员320万[①]。邓小平对“傻子瓜子”“放两年看看”的观察性评价意味着政府对非公有制经济发展的鼓励，个人的能动性、积极性在对个人业绩的认可的基础上被很大程度地调动起来了，民营经济在国民经济中的比重与贡献也逐年增长。

邵隆图从体制内到体制外的工作经历，既体现了个体价值在社会发展中的重新彰显，也浓缩了中国现代设计从计划经济向市场经济转型的过程中所遇到的困难、机遇与可能性。原先统合在行业生产中的设计行为在个人价值与私有观念的刺激之下，开始出现新的组织形态与活动方式。

2. 重新趋于多元的设计体制

广东作为改革开放的桥头堡，在设计发展上奋起直追，1980年代中期涌现了一批独立设计机构。张小平于1985年创办黑马广告公司，1986年广州美术学院的几位青年教师建立了白马广告公司。北京地区的设计人才也应中国加速改革的趋势而创办独立的设计机构，如高峻于1989年在北海创立了梅高设计事务所。独立设计机构在中

---

① 高先民，张凯华．中国凭什么影响世界．成都：四川教育出版社，2010：132.

国再次以燎原之势发展起来，形成今天驻厂设计机构与独立设计机构并存的设计组织形式。

上海地区的独立设计机构也开始涌现。随着市场竞争与商业利益在社会生活中越来越受重视，许多原先在国家体制内的设计师和管理者脱离原有的单位下海去闯荡。

1992年，邵隆图在上海创立了第一家以个人名字命名的广告公司——隆图广告有限公司，2002年之后将公司更名为“九木传盛广告有限公司”。自隆图广告有限公司创立以来，赵佐良一直为邵隆图提供产品包装设计与广告设计的支持，然而赵佐良一直在上海日化二厂工作，担任企业内设计机构的负责人，退休之后才正式加入了邵隆图的广告公司。这样的合作方式，也意味着在计划经济时代一度被禁止的“外稿”设计工作，在市场经济环境中再一次被接受和允许。赵佐良也因此而经历了从体制内到体制外的身份转化，他感慨自己从1960年入学到1963年毕业，这一生因为上海轻工业学校的“造型美术”专业的学习而与产品包装设计结缘，他这一代设计师是经历了中国经济和社会转型的设计师。

从甲方到乙方的身份转变，让邵隆图对做好客户调查与市场调查更有切身体会。他根据市场提出了三个设计条件：一、了解顾客的长期需求，二、明确品牌的核心竞争差异，三、主力产品的毛利率要高。在计划经济体制内多年的工作经验使邵隆图、赵佐良这一代设计师在与政府和企业打交道时，更为了解对方的思维习惯、沟通方式与办事方式。今天的上海仍然活跃着一批与赵佐良、邵隆图同龄，原先在计划经济的设计体制中取得了成就，作出了贡献的设计师，他们如今都脱离了原先的机关单位而成为“个体户”，在新的社会格局中寻找自身的位置与发展空间。

4.1.6.3 留洋：国内外设计的差距及其弥合

1978 年 6 月 23 日，与改革开放的政策相适应，邓小平听取教育部工作汇报之后，作出了“要成千上万地派”海外留学生的指示。下海与出国成为 1980 年代中期至 1990 年代初期在中国社会上刮起的一阵新的风潮，这个延续了近十年的留学潮给当时的中国社会各行各业带来了不同程度的影响与冲击。带着对中国特色社会主义的迷茫，以及对西方科学和民主进步性的无限憧憬与想象，具有“朝圣”意味的留学大军涌向了以美国为首的西方发达国家。

国家层面上已经公开宣布了向全世界最强的资本主义强国学习经济建设的方法，个人层面上对西方的向往与投奔成为自我提升的捷径，而且在微观层面上改变了中国各行各业的固有面貌。

邵隆图 1990 年在美国佩斯大学进修，回国后于 1992 在上海创立了广告公司。上海日化系统美工人才中的一部分佼佼者，也在这股留学热潮中远赴重洋，其中一部分人随后不仅脱离了中国的经济与行政体制，更是在国外开拓自己的设计事业。1970 年代上海纸品文教公司最有名的美工周智诚便留在了美国，并且融入了美国的设计界，从美国科门公司退休。

4.2 现代企业管理制度下的设计体制

4.2.1 新时期的设计支持与设计投入

4.2.1.1 企业自主权的扩大

企业责任制与厂长责任制是中国工业改革的一项重要特征。发表于 1979 年第 7 期《人民文学》上的短篇小说《乔厂长上任记》塑造了乔光朴这一虚构人物，“乔厂长”的形象高度概括地反映了

1980年代初期中国企业迫切所需的自主权问题。国营企业的改革成为新时期城市经济体制改革与建设的一个重要组成部分，1979年，以首钢为首的八家国营企业拉开改革序幕，放权让利，扩大企业自主权。

上海轻工业系统也面临同样的问题。上海日化公司的领导找当时正在计划科任职的葛文耀谈话，询问他是否愿意到上海家化厂担任厂长，葛文耀当即答应了。在上海轻工业局的体制之中，葛文耀并不太能适应，出任下属日化厂厂长一职，是一个发挥个人才能的好机会。

1980年代中期中国的改革开放初见成效，当时的上海家用化学品厂资产仅为400万元，但是由于“市场好”与“政策好”①，百姓手中有余钱可以消费，对美的感知、体会与追求的欲望更加高涨，对于美化生活的日化产品的需求无论在数量上或是质量上都有很大程度的提升。正是在这样的背景之下，1985年葛文耀从上海日化公司计划科调到上海家用化学品厂当厂长，在他的经营管理之下，上海家化厂的生产渐有起色。

厂长责任制从1980年代引入中国，厂长掌握了工厂中的内部权力，取代党委书记对企业的发展起主导作用②，“对工厂的经营决策与计划负责，对工厂的生产组织和劳动协调负责，对全厂生产行政指挥与调度负责，检查企业的生产经营计划和经济效益的完成情况并负责对职工的奖惩，对厂内的思想政治工作与社会主义方向负

---

① “中国企业成功之道”上海家化案例研究组.上海家化成功之道.北京：机械工业出版社，2012：20.

② 赵明华.国企改革中的工作：中国纺织产业的个案研究.北京：社会科学文献出版社，2012：68.

责。”[1]厂长责任制作为工厂整体管理责任制中的中心环节，一方面明确了厂长在任期内的职责与权限，另一方面也为厂长对企业的管理提供了自由度与灵活度。葛文耀到上海家化厂任职后，面对厂区设备老化、生产空间窄小与员工士气低迷的现状，决定发挥企业的自主权，调整产品的生产计划与生产结构，以适应当时的市场化需求。当时的政府鼓励市区企业与乡镇企业进行联营生产，上海家化便抓住这个联营生产的机会调整企业的品牌生产与分布，在市区工厂集中生产“露美”“美加净”等高档与中高档产品，“友谊”“雅霜”等低档产品则转移到郊区的联营工厂生产。这一措施既减轻了市区工厂的生产压力，同时又保证并实现了整体生产的扩大，而且给家化的品牌产品生产带来了优化与提升的机会。

建设联营厂除了对生产结构加以优化，对生产规模加以扩充以外，也使企业得以“享受国家的税收优惠。当时非联营生产部分，100 元利润得交国家所得税 55 元，增值税 40.1 元，其余还要上交日化公司生产基金 10%，福利资金、奖励基金 20%等，上海家化最终只能留 3.29 元，企业没有钱发展，职工难以多劳多得。建设联营厂之后，乡镇企业可以减免增值税 70%，这样上海家化便可以多得 30 多元钱”，而由此积累了企业发展的第一笔资金[2]，联营生产的经验在日化行业迅速得以推广。

4.2.1.2 逐渐增长的设计重视与设计投入

在通过联营企业扩大生产规模，优化中心厂的生产结构的同时，

---

① 陈永忠．经济新学科大辞典．海口：三环出版社，1991：9.

② “中国企业成功之道”上海家化案例研究组．上海家化成功之道．北京：机械工业出版社，2012：22.

葛文耀也在现代企业管理制度之下调整上海家化厂的机构设置，归并原有的科室，进一步明确企业内各部门的职能分工。1988年上海家化厂组建了市场部，在国内企业中具有领先性，形成了市场部、销售部、科研部、生产部等六个职能部门，提高公司的薪酬与福利待遇以吸引各专业人才。

科研部负责产品的开发与设计工作，下设负责产品开发的部门，以及负责产品造型设计的设计室与负责产品结构设计的中心实验室，逐渐增加科研投入，并在部门之间形成市场调研—产品策划—研发—设计—生产的连贯的产品开发流程。上文提到的“露美”品牌设计与推广项目便由上海家化厂接手后续的生产，尝试“露美”产品的厂方直销，开办全国连锁的露美美容厅并且开设了美容热线服务。轻工业局科研处与上海家化在“露美”项目上形成了密切关联，邵隆图离开轻工业局之后曾一度担任上海家化厂的厂长助理，与葛文耀共同经营“露美”项目。“美加净”系列化妆品的研发也在1985到1990短短五年之间有了极大推进，形成了完整的产品家族。

到了1990年，上海家化的资产已经从400万元增加至6 000多万元，在5年内增加了15倍，年销售收入达4.5亿元[①]。上海家化已经从一个家用化学品制造小厂转变为联合公司、上市公司乃至如今资产近37亿，净利润6亿多的上海家化集团[②]。葛文耀在业内有“中国日化教父”的称号。虽然葛文耀自己不做产品，但是他把上海家化推出的产品推到国际市场，起的作用与邵隆图是一样的。企

① “中国企业成功之道”上海家化案例研究组．上海家化成功之道．北京：机械工业出版社，2012：23.

② 根据2012年的数据。

业家对于企业的方向管理和品牌发展的整体规划，在某种程度和意义上可称为更大范围与规模的“设计管理”，是“大设计”概念中的设计师。

4.2.2 企业内的设计机构：逐步完善的科研部

4.2.2.1 科研部的美工室

1. 美工力量的充实

1979 年以前上海各日化基层单位的设计力量仍较为薄弱，除了上海日化二厂具有较强的美工力量之外，其他大部分工厂的产品设计仍须经过日化公司的集中指导与提升。上海家化早期的技术科有兰友海、吴璇良等几位美工，企业内部并没有设置专门的美工机构，胡绍铭从七二一大学回来后便跟随吴、兰二位老师傅设计产品，并到日化公司组织的美工组跟随顾世朋从事上海家化厂的产品设计。

1980 年代初期，上海轻专向轻工业系统输送了一批年轻的美工力量。1982 年从上海轻工业专科学校毕业的沈缨分配到上海家化厂科研部下设的美工室工作。沈缨是 1978 年中国恢复高考之后的第二届轻专学生，1979 年中学毕业后作为应届生考入上海轻专的装潢美术专业。当时丁浩任系主任，是这个系最辉煌的时候，上海轻专在全国都颇具名气，装潢美术专业一个班 30 个人中只有 8 个人是应届生。和沈缨一同分配到上海家化科研部美工室的另一个年轻人是陈烨，两人是轻专同学，胡绍铭是这一时期美工室的负责人，室里另外还有另一个南京艺术学院毕业的老师，这就是当时设计室的人员构成，主要由这四人负责上海家化的产品设计。

轻专的新毕业生到厂里正式参与设计工作之前，必须先到生产线上实习一年，沈缨当时到花露水车间、唇膏车间里工作，一年期满后再到美工室工作。上海家化这项对设计师的规定一直延续到现在，这使设计师更好地了解本企业的产品生产流程与生产工艺，在此基础上形成产品设计意识。

新厂长葛文耀上任后，对企业职能机构进行归并，同时也增加科研部的产品研发投入，这些举措使设计室的工作环境有了明显的提升，相关设施得到完善。据沈缨回忆，一开始设计师的工作条件很差，当时设计室设在一个位置较偏的阁楼上，设计师在寒冷的冬天手上需戴手套工作。那时还没有电脑，老一辈美工都是采用手写的方式来设计美术字和说明书，到了沈缨这一代人开始设计的时候，包装上的说明文字已经采用照排技术了，然而，大尺寸的美术字仍得由设计师用毛笔手写完成。

1980年代初，中国刚刚起步的设计在整体面貌上仍然落后于国际水平，国外的样品设计、包装类书刊仍是设计师的“精神食粮”，设计师们看到国外设计书籍时都会特别激动，葛文耀赞成美工室收集与积累设计资源，拨出经费让设计师在外文书店买和设计相关的国外书籍。用以开阔设计师眼界，提升设计师能力的投入也给上海家化的设计面貌带来了相应的改观。

2. 变化的“美加净”

随着各厂美工团队的壮大，1979年之后上海日化公司美工组的形式已经渐渐淡化。“美加净”的产品研发与设计是1980年代中后期上海家化厂科研部的一个重要任务，顾世朋作为“美加净”品牌的命名者与原创设计者而被誉为“美加净之父”，这一时期经常被请到上海家化厂指导“美加净”化妆品的设计。1980年代早期的上海家化厂，“美加净”主要产品设计仍由顾世朋操刀，并且开展了新产品的试制工作。顾世朋1984年开始试制中国的第一瓶摩丝产品，从英文的“mousse”到中文的“摩丝”——“摩登头发丝”的简称，这也是顾世朋的智慧。1987 年“美加净”定型摩丝正式推出，这种新型的泡沫型气雾产品在中国刮起了一股流行风潮。

1987 年对于“美加净”品牌来说是重要的一年，青年设计师负责上海家化其他产品的设计工作，例如沈缨刚开始工作时，设计过“蓓蕾”化妆品、“上海”花露水的包装，她也对“美加净”品牌的分支品牌进行设计创意。1980 年代后期“美加净”的一些附属设计和相关设计都由上海家化的年轻设计师完成，顾世朋经常会来家化指导，给青年设计师提意见。在这一背景之下，沈缨设计了中国第一支护手霜——“美加净”护手霜的包装。护手霜包装上创造性地使用了一只女性纤手的线描图案，并采用柔和的色调，为了配合这款产品，此时也对原先的美加净商标进行了改造。

据沈缨回忆，顾世朋在 1960 年代设计的“美加净”标志性字体，由于棱角尖锐、感觉偏硬，在当时也受到一些非议。因为在那个年代“美加净”的产品不仅限于女性化妆品，牙膏、香皂、洗衣粉、化妆品等多种门类的产品都在用这个标志，而且这些产品男女老少都在用，硬朗一点的标志设计符合“美加净”广泛的产品门类与用户定位。然而，到了 1980 年代末，“美加净”化妆品的设计有了很大的变化，原先尖锐的字体被转换成更为柔软、女性化的标志，这既源自社会审美上的变化，也源自产品定位上的变化，从标志的层面也标志着“美加净”化妆品的产品定位由原来男女老少通用转向女性日用品的变化。

原先由顾世朋设计的“美加净”商标，在造型与色彩上都鲜明显眼，识别度很高，但是在设计运用的时候并不方便，然而，经过几次改造的标志如今在应用上更为方便了，但又和其他好多品牌过

MAXAM 美加净牙膏
美加净 MAXAM
DENTAL CREAM

图 4–5　早期“美加净”商标

美加净
maxam

图 4–6　2013 年公布的“美加净”新标志

于接近，导致品牌的辨识度降低了。这一现象也有耐人寻味之处，企业内设计体制的完善和对品牌市场定位的调整都意味着产业的进步和设计空间的拓展，然而实际上，却似乎削弱了计划经济时代那强有力的品牌形象。

新时期的产品研发与试制使“美加净”在 1980 年代创造了中国化妆品界许多个第一：第一支摩丝、第一支护手霜、第一支二合一香波、第一支国际型香水……完善的产品家族使美加净成为上海日化市场上的一个引领时尚的品牌，效益很好。

3. 比稿：机构内的设计竞赛

沈缨、陈烨等青年设计师也参与设计了新开发的“美加净”分支产品系列，如“青萍”系列、“爱萝莉”系列，新产品试制前的设计方案创作阶段，美工室的设计师便以“比稿投票”的形式来决定最终使用哪一个设计方案。几个设计师都根据自己的创想形成设计，每个人都做出自己的设计方案，做出包装模型并摆出来展览，再由公司领导、市场部和财务部多个部门的职工进行不记名投票，以此来评选最终的方案。沈缨的“美加净”男士产品设计、陈烨的“爱萝莉”系列产品设计都是通过这种方式评选出来的。

设计师“比稿”的形式有 20 世纪中叶设计“大会战”的影子，然而又加入了新时期竞争的观念，有利于促进企业内部设计师的创新与精进，形成设计创新面貌。

这时的上海家化科研部主要由中心实验室与美工室两个部门组成，中心实验室负责产品的内材研发与结构设计，美工室则负责产品外观设计。新的设计创意需要与中心实验室负责结构设计的结构工程师沟通，才可能真正实现。

4.2.2.2 结构设计室：从模仿到研发

1980 年代初期，上海家化的中心实验室由陆联庆负责产品包装的结构试制，陆联庆、姚红亮是厂里两位熟悉化妆品结构设计的“老法师”。沈晓明 1982 年从上海日化公司所办职工大学的“自动化包装机械设计”专业毕业后，便从花露水制造车间调到中心实验室与两位“老法师”共事。在沈晓明的回忆中，这两位老师傅各有特色，姚红亮对各式模具十分熟悉，陆联庆则对谈业务很有激情。

严格来说，当时“结构设计”的概念尚未明确，这一类工作被称为“机械图纸绘制”，把设计师的设计图和要求变成可以指导制作与生产的设计图纸。在很长一段时间里，中国的产品结构设计师的工作其实就是绘图，测绘外面的优秀产品再进行模仿生产。1980 年代初期上海家化的结构设计也经历了几个阶段：

第一阶段：抄袭（1982—1983 年）

这一时期家化产品的结构设计处于抄袭阶段，中心实验室中的结构设计师的工作就是绘图，且不是规范的产品图。一般的工作是测绘国外的优良产品，直接进行模仿生产。

第二阶段：模仿（1983 年）

经过了半年多的时间，上海家化的结构设计从抄袭阶段开始进入模仿阶段。即便是对国外优良产品进行模仿，在当时的生产条件之下也并不容易实现。由于国内的材料与所具备的工艺条件与国外相比差距悬殊，结构工程师测绘样品完成图纸之后，还得通过供应商的提高与配合，经过不断的沟通与改善才有可能完成模仿任务。

第三阶段：创新（1980年代中期—1989年左右）

中心实验室的设备条件、人才实力都有所提升，工艺室、材料室和产品室互相配合，上海家化的产品开始有自己的创新设计。

结构设计师除了要理解设计师的设计图纸，与设计师沟通，也要理解产品的内材、加工工艺，还必须具备成本观念。1980年代后期上海家化开发的很多新产品，包括“美加净”小摩丝、“美加净”护手霜、“爱萝莉”、“青萍”香波等产品，都有结构设计上的创新。例如为了适应“青萍”香波瓶身上大面积的瓶贴设计，沈缨与沈晓明对香波的瓶身设计作了多次探讨与修改，最终完成产品试制。

产品的造型设计与结构设计两组人马之间需要紧密配合，设计室（美工室后期改称为设计室）、材料室、工艺室、产品室（后期结构设计的部门）之间需要密切配合方能最终实现产品的设计与投产。设计师的设计拿到到材料室，工程师往往会说做不到，设计师则往往觉得不可能，为什么国外能做到的造型，国内却做不到？技术上的局限是一方面原因，成本上的控制是另一个重要的原因。此时“美加净”“六神”这些大众化的品牌由于没有经费的支持而无法实现一些高难度的技术和设计。而随着国内化妆品需求层次的变化，“佰草集”“清妃”等一些中高档的产品便能够有成本做一些更有技术含量的工艺了。

4.2.3 行业内部的竞争：设计与宣传策略

1980年代中期到1990年代初期，上海日化行业的竞争主要体现在国内日化企业之间的竞争。当时中国市场上的外资日化企业只有联合利华，它是改革开放后于1986年进入中国日化行业的第一个外资公司。原先计划经济环境之下轻工业系统的条块分割、壁垒分明的计划性生产体系这时已经被打破，市场需求的情况也有了很大的变化，卖方市场逐渐转变为买方市场，这迫使企业调整设计策略以适应市场竞争的环境。1978年上海日化二厂的“凤凰”珍珠霜一面市便取得了很好的市场反响，上海家化马上跟进研发了同类营养型产品“美加净”银耳珍珠霜，企业之间生产同类产品的竞争意识与行为在计划经济中不可能存在，但在市场经济环境中就成为企业的生存之道了。

4.2.3.1 企业整体形象的认知

1970年代，业界所谈论的设计均停留在相对更有实践意义的层面，即如何提升产品的品质与设计来塑造品牌。随着国外广告学、品牌营销的概念迅速传入中国，1980年代的中国企业也开始关注企业形象识别系统（corporate identity, CI），开始重视企业文化与企业形象的塑造，认为企业发展与企业品牌、产品推广的效果密切相关，为企业塑造整体的品牌与文化形象成为这一时期企业文化工作的重中之重。

在计划经济末期，由于上海家化厂的订货量是日化行业里的老大，每次中百订货会上，上海家化的产品摊位总是规模最大的，长达两三米，而其他一些日化公司连一米的摊位都摆不满。然而，随着市场经济的改革与广告的恢复，品牌越多意味着广告的费用越多，宣传的精力也越分散。在这种情况之下，集中精力生产一两款产品的企业反而具有广告宣传方面的优势。上海日化二厂的“凤凰”珍珠霜以及后继的“凤凰”胎盘膏便采用了主打单款产品集中宣传的策略，上海家化也必须紧跟市场变化来制订广告宣传策略。胡绍铭便提议上海家化集中宣传“美加净”与“露美”两个品牌，并且着手为企业设计一个整体的企业形象——公司标志（司标）。这时，原先在计划经济体制内合作互助的基层企业变成了竞争对手。可以看到，在经济转型的过程中，哪一个企业最先意识到广告宣传与品牌价值的重要性并掌握要领，便有机会在新一轮的竞争中生存下来。

4.2.3.2　胡绍铭的司标和广告投放策略

1. 司标与有效的广告宣传

上海家化的第一个公司标志是由沈缨于1982年设计的一个方形标志，葛文耀到任之后，胡绍铭被调到上海家化的经营科，主管家化产品的广告宣传。胡绍铭一到经营科便组织设计了第二个司标，最终确定采用陈烨的设计。于是，上海家化的“美加净”与“露美”两个品牌开始在电视频道上进行主打宣传，宣传片最后在放映“美加净”和“露美”的标志与宣传语之后，也将上海家化的公司标志打到了屏幕之上。

“上海××公司”的命名方式曾被邵隆图在一篇文章[①]中批评由于加上了“上海”二字，企业的主题和内容反而处于次要地位，只让受众记住了上海这一厂家所在地的信息，“上海家化”却也因此形成了它自身的特色。“上海家化”的命名虽然带有1960年代计划经济中一个城市的拳头企业的痕迹，却也在市场经济环境之下形成了它鲜明的识别度。

胡绍铭将“上海家用化学品厂”的全称在一些必要场合简缩为“上海家化”，重点突出、印象鲜明的广告形成了品牌的累积效应，在这两个品牌产品的销售上也得到了迅速的反馈，1990年“美加净”

---

①　邵隆图．企业形象与识别体系．社会，1989（02）：38-40.

的销量在全国同类产品排名第一，达到了近5个亿，这时上海家化投入的广告费用与上海日化二厂、四厂投入的产品宣传费用差不多，但却取得了极佳的社会反响与经济效益。其他各日化厂也意识到企业整体形象的重要性，紧跟着设计公司标志，整合广告宣传，然而，在销售业绩上已经被抢占市场的上海家化远远抛在后面了。

上海家化在广告宣传上还有其他的创新之处，如最早尝试了在电视节目中植入广告。上海家化也将品牌与企业形象关联得更为密切，形成了有效的企业宣传与品牌营销，将企业作为一个整体的形象加以塑造，有意识地对所属品牌分层次进行定位与宣传。

2. 企业内部设计机构的优势

企业内部设计机构的优势在这一时期得以彰显出来，外资还没有进入，独立设计机构也还处于零星创立的起步阶段，市场部、销售部与科研部联合起来，开始对产品研发、试制、设计、推广与销售等环节进行整体考虑。

4.3　市场环境中的日化产业设计体制改革

4.3.1　合资与改制对企业内设计机构的影响

4.3.1.1　外资进入与合资风潮

正如邓小平所强调，“经验证明，关起门来搞建设是不能成功的，中国的发展离不开世界。”[①] 中国的改革开放具有必然性与必要性，随着国内市场的开放，各行业的外资巨头都往中国市场迈进，其中包括了国际日化行业的航母级企业。1990年代上海日化行业的市场

① 邓小平．邓小平文选（第三卷）．北京：人民出版社，1993：78.

复杂程度急剧升级，竞争激烈的情势堪比20世纪初中国上海日化产业与外资的交锋与较量。政府从招商引资的角度乐意向外资企业提供便利条件，并且促成中国本土的日化企业与外资企业形成投资或合作关系，以期通过国外更先进的管理方式、设备与生产标准来提升中国的本土产业。然而，就上海日化行业的整体合资效果而言，远远没有达到预期，反而使本土日化企业面对更加严峻的市场竞争环境。

1. 早期与外资的局部合作与设计促进

1980年代后期，上海日化二厂拿出一部分生产线与德国拜尔斯道夫公司的妮维雅品牌、英国联合利华公司的庞氏品牌合资，这是改革开放以来上海日化企业较早的与外资合作的项目。上海日用化学品二厂也是上海日化行业中最早实行企业改组的基层单位，于1986年改组为凤凰日用化学有限公司。

从上海日化二厂到凤凰日化公司的名称变革，源于该企业1978年出品的内销产品“凤凰”珍珠霜。这款产品由于迎合了“文革”结束之后人们一下子爆发的爱美情绪而风靡全国，持续十年保持良好的销售业绩。计划经济时期的企业本身应用军事化管理的一、二、三、四厂的命名，在市场经济环境下无法满足企业本身的形象识别信息有效传递的需要。这一时期的大部分国营企业仍然缺乏企业形象塑造的意识。邵隆图在一篇文章中尖锐地指出这一时期企业与产品所存在的问题：“由于长期习惯于单一计划经济指令性生产，我们的企业界对商品经济的概念是模糊的，认识是肤浅的，经营手段和方法是陈旧的。不少企业至今仍然以“××一厂、二厂、三厂、四厂”编号命名，这是准军事机构的做法，不是经营性企业所应采取的做法。我们作过调查，不少消费者知道产品的品牌名，并不知道生产单位，令人费解的是为什么我们要如此人为地制造信息障碍呢？……一个厂、一个公司拥有十几个乃至几十个商标，一个也舍不得丢掉，都是名牌、老牌，恰恰是一个也养不大，出不了名。而我们的产品从包装结构到产品功能、结构却像十几家工厂生产的，毫无风格，形不成系列，当然在市场上也就形不成力度、知名度。”[①]日化二厂率先意识到这一问题并作出了改组与更名的行动。

凤凰日化公司成立后，试验新产品开发的中心设计室由赵佐良担任主任，管理三十多人的团队。团队人员包括了负责内材研发、产品结构设计与产品外观设计的多方面人才，是当时日化行业中设计实力最强的基层单位。此时企业也开始将广告设计等产品外围的设计业务外包给专业公司合作完成。凤凰日化公司曾请日本的福田公司做工业设计，合作设计了 UV 防晒和男士香水两套产品，赵佐良因为这两个合作项目而跑了四次日本参与设计交流与实务工作，这些举措有效地提升了企业产品的设计水平。

2. 全面合资与国有品牌的危机

上海日化三厂也于 1987 年与美国庄臣公司（美国庄臣父子有限公司）合资建立上海庄臣有限公司。1991 年，在上海市政府的主导之下，上海家化厂被迫拿当时效益最好的“露美”“美加净”两个品牌与美国庄臣公司合资，仍保留上海家化原厂，成立上海露美庄臣化妆品有限公司。

继上海家化厂与美国庄臣公司合资之后，上海日化产业以骨干企业与名牌产品为主体，继续组建大型企业集团，1994 年香港新鸿基中国工业投资公司与上海合成洗涤剂厂组建上海白猫有限公司，

---

① 邵隆图．企业形象与识别体系．社会，1989（02）：38–40.

1994年，上海牙膏厂与英国联合利华公司合资组建上海联合利华牙膏有限公司，1995年，上海制皂厂也与联合利华合资组建上海制皂有限公司。在这一阵中外企业合资的风潮之中，一方面合资有利于外资企业资金的注入，新型生产设备与生产线的引进，但另一方面，合资对于民族品牌自身的发展来说却是一个不容乐观的举措。虽然合资风中也有发展顺利的企业，如日化三厂与庄臣的合资，由于双方在产品门类与功能上接近，整合后很顺利。实现了“华丽转身”，然而大多数合资行为最终以中国本土名优日化品牌的没落收场。

日化企业在合资过程中失利的现象在当时中国产业环境之中并不是唯一的失败经历，汽车行业也经历了类似的教训。1980年代，上海汽车行业引进桑塔纳的生产线与汽车技术之后，中国本土生产的“最后一辆上海牌轿车下线”。当时的中国企业重视生产线与生产技术的引进，忽视了民族品牌的维护与发展，一方面是由于原先在短缺经济时代中成长起来的民族品牌，经不起外国先进产品的市场竞争与冲击，另一方面则是中国企业本身缺乏品牌经营与保护意识。

4.3.1.2 “露美庄臣”的经验与教训

美国庄臣公司本身的产品是家用清洁用品，与上海日化三厂本身生产经营产品的门类相近而使合资公司有了可观的发展。然而，上海家化与美国庄臣公司的合资则没那么对口，庄臣公司本身并没有化妆品的生产线，公司在主观上有扩展化妆品领域的愿望，但在客观上，企业内部的管理体制、人才的知识储备与专业基础并不具备化妆品生产的能力。

从另一个角度来看，外资公司与中国公司合作，看重的并不是中国公司本身品牌的发展潜力与产品价值，更为在意的是国内日化产业多年经营与铺垫的产品销售途径。邵隆图看到各个日化大厂与外资企业合资的时候，便已经先知先觉地意识到“把人家领到门口，我们就下岗了。”[①] 企业原有的产品、品牌、设备、厂房、劳动力都不是外资公司所需要的，外资公司需要的其实是产品销售的“通路”与“渠道”。

1. 被雪藏的“美加净”与“露美”

上海家化与美国庄臣合资后，葛文耀成为该合资公司的副经理，胡绍铭、周家华、沈缨等从事设计与推广的上海家化骨干人员都到合资公司工作，他们在“露美庄臣”期间做了多套“露美”“美加净”的产品设计，然而实际被“露美庄臣公司”采纳并投产的情况却很少。多方面的原因结合起来，导致“美加净”“露美”等品牌处于被雪藏境地，一年后上海家化再次回购这两个品牌时几乎无力回天，品牌再造的过程极为艰辛。庄臣公司后来彻底不做化妆品，只生产蚊香、杀虫剂、清新剂等清洁用品。

与庄臣公司合资的过程也让上海家化学到了品牌经理制度和市场管理的模式，了解到产品毛利率的概念，并深刻地感受到企业人才专业化细分的必要性，这些合资经验为企业管理的现代化与企业内设计机制的完善打下了基础。

2. 上海家化的重新归并与改制

上海家用化学品厂在与美国庄臣合资后，与上海市政府和庄臣公司经过协商后同意只出让两个效益最好的品牌、生产线与部分技术人员，一千多人中有六百多人进入合资企业，原厂则保留了友谊、雅霜等中低档品牌生产线与三百多名员工，这一做法现在看来仍是

---

① 邵隆图访谈，2012年1月，参与人：许平、张馥玫、蔡建军、陈仁杰、谢雨子、王一淇等。

具有先见之明的。从食品行业调到上海家化厂的张守明是上海家化与庄臣合资期间，留守家化老厂的设计部主任。

1992年，在美国庄臣公司调整全球战略时，葛文耀提出上海家化从合资公司撤资，葛文耀本人脱离合资公司继续回上海家化厂担任厂长，同时也为企业发展争取自主权，加紧促使上海家化厂脱离上海日化公司的管辖，于1992年改制为“上海家化联合公司”。1994年上海家化从“露美庄臣”公司正式撤出，接收从合资公司回到上海家化的二百多名员工，并且决定重新赎回“美加净”与“露美”这两个品牌。1994年“美加净”回到上海家化时，合资前的3亿年销售额已经缩减至6000万元以下[①]。这次失败的合资试验使上海家化面临重新归并企业资产与人才配备，调整企业品牌与产品结构的艰难局面。

上海家化厂脱离上海日化公司，意味着企业已经形成了面向市场自负盈亏的经营管理模式，这使得家化的产品能够更为自主地融入市场并参与市场竞争，为企业的自主发展创造机会。计划经济时代强调行业间的生产分工与业内互助，最后实现资源均衡调配的目标。然而，平均主义的生产观念严重缺乏商业竞争意识，这使上海日化集团管辖的其他日化企业在市场经济环境中面临严重的危机。上海家化率先启动的市场行为对整个日化行业产生了刺激。1995年，上海日化三厂、四厂、五厂等工厂也组成上海牡丹日用化学有限公司，后又改组为芳芳日用化学有限公司，厂方命名方式从计划性的编号转变为以企业拳头产品作为企业代称，这是新时期面对激烈的市场

---

① “中国企业成功之道”上海家化案例研究组．上海家化成功之道．北京：机械工业出版社，2012：27.

竞争而形成的新局面。

上海家化与美国庄臣公司的这次合资尽管以失败告终，但上海家化也从合资企业获得了许多管理方式上的经验：一是从产品毛利率的角度来管理产品生产，以研发高附加值的产品作为企业的赢利目标；二是人才的专业化细分，合资的过程也为上海家化培养了一批熟悉外企管理方式的业务骨干；三是将国外企业已经发展成熟的品牌经理制度引入上海家化的管理之中。

3. 品牌经理制度的运用

上海家化引进品牌经理制度来管理厂内各个化妆品品牌的生产，每个品牌由专设的品牌经理负责具体项目的总体管理，围绕品牌的营销活动来制定品牌的长期与短期发展策略，品牌经理在产品开发制造、整体市场活动的组织、产品价值制定这三方面具有充分的权限[①]。周爱华曾担任上海家化的研发部副总监，负责整个产品开发，她介绍以品牌经理的营销策划为中心，上海家化设计部门也形成基于品牌管理的一般产品的开发程序，大致如下：

（1）市场部提出产品研发与设计的初步概念。

（2）市场部第一时间就这一初步产品概念和设计师、研发部门进行沟通，阐明概念与产品构想，让设计师和配方研发部门从不同的角度去理解。

（3）设计师和配方研发部门在理解产品概念之后，开始根据所理解内容做设计体验。例如，配方研发人员把配方做出来，再让团队成员互相感受，反复调整。（进行大型产品项目的调整时，葛文

① “中国企业成功之道”上海家化案例研究组．上海家化成功之道．北京：机械工业出版社，2012：57.

耀有时也会参与其中，并提出调整建议。）

（4）所有的调整建议最终再次回馈给品牌经理，在此基础上形成产品开发计划书。这个计划书涵盖了对整个品牌概念的描述，对产品销售渠道的约定，提供外包装和内材的成本，估算出大概成本，然后根据公司规定（对不同目标消费群体制定不同的毛利率），在成本和毛利之间进行充分权衡之后，确定产品的零售价。

（5）根据产品开发计划书的成本预算，内材研发与外包装设计部门继续进行产品的设计开发。

产品设计任务书下达之后，产品设计与内材研发部门便分头行动，内材开发部门进行内材实验开发，外材直接落实到设计部门，由平面设计部门和结构设计部门沟通完成外材的设计开发。平面设计师出效果图，说明希望用什么材料来实现什么效果，结构设计师根据这个意愿进行三维模型造型，根据多个概念做好模型之后，在平面设计和结构设计两个部门进行讨论，确定三维模型，渲染三维模型，提交市场部讨论，挑选出最优的三维模型。结构设计师对这个最优三维模型进行完善的结构设计，考虑工艺等一系列因素，发出去做模型，称为“首版”，紧接着，设计团队进一步考量“首版”是否达到设计的要求，提交到市场部。市场部提出调整的要求和目标，再做一次模型，新模型得到市场部的认可之后，产品交到材料开发室，进行模具加工制作和材料选择。经过多次收集回馈意见与修改，最终确定生产样品。

品牌经理制度的引入使上海家化的品牌管理更为条理化，将产品研发过程与产品的销售策略加以统筹考量，从而管理好品牌在创立、维护、更新等不同阶段的必要措施。

4.3.2 破产与兼并对企业内设计机构的影响

4.3.2.1 行业兼并与体制内的人才流失

1. 大日化集团的效率滑坡

轻工业作为计划经济时代国家为发展工业而集结形成的国家职能部门，在市场经济时代的新形势中行业的归类方式发生了变化，上海轻工业局对轻工业系统中各行业的主导性也渐渐减弱。为了适应经济市场化的趋势而面临角色的转换，上海轻工业局于1995年撤销，改组为上海轻工控股集团，上海的轻工业系统在这一过程中得以改制与重新定位，除了上海家化联合公司等少数脱离了上海日化公司的企业之外，此时上海日化系统的大部分企业仍归上海轻工业公司领导，以上海日化（集团）公司的面貌在市场环境中生存。

尽管脱离了上海日化公司，上海市政府的行政干预仍在很大程度上影响着上海家化的发展。1995年，为了扶持市政府在香港的窗口企业香港上实公司，市政府主导上海家化联合公司与上实日用化学品控股有限公司合资成立上海家化有限公司，对上海家化在发展资金的投入上又增加了一定的约束。

由于上海日化行业与外资企业在合资方面整体失利，过多的计划性行政干扰也使上海日化行业的发展受到了制约，上海日化（集团）公司的发展每况愈下，短短几年之后便已经面临破产倒闭的局面。缝纫机、钟表等行业也面临相似的困境。在这个过程中，面对产业发展瓶颈与效益滑坡，大批原先在轻工业系统的设计体制中的美工人员下海单干，重新开拓新的市场局面，成立独立的设计公司。

2. 儿子“吃掉”老子，上海家化兼并上海日化公司

1998年，原轻工业局科研处处长周伟与几个老干部痛心于曾经

辉煌的上海日化公司如今所面临的亏本与生产停滞不景气局面，向时任国家主席的江泽民同志呼吁改变这一局面。这一年，轻工业部下达指示让上海家化联合公司来接收和管理上海日化（集团）公司，这一次行政干预又给上海家化的发展带来了危机与困难。

1998年，上海家化联合公司吸收兼并了上海日化（集团）公司，成立上海家化（集团）有限公司，努力消化原先国有体制下的大量遗留问题，花了8年时间来处理上海日化公司下属的30个二级企业，70个三级子企业，分流了6000多名企业员工，使用了约6.4亿的经费①，曾经辉煌的上海日化一、二、三、四、五厂都在日化产业改革与转型的过程中倒闭了。

葛文耀管理上海家化这几十年间，最重要的举措是为上海家化争取企业发展的自主性。日化产业不属于关系国家命脉的核心产业，但却与民生日用息息相关，只有在自由、自主的情况下参与激烈的国际竞争，才有可能获得企业本身的长远发展。

企业本身的改制引起了企业内部设计机构的变化，上海家化企业内的设计部门主要负责家化的产品包装设计，广告设计则与企业外的专业广告公司合作，1980年代以来塑造了中国日化产业的一批新品牌，如“六神”花露水、“清妃”香水等，在市场上打响了名号。

4.3.2.2　局部设计的成就和纷乱的整体格局

上海各日化企业经历了与外资企业的竞争与合资、兼并的产业变革，在企业自主经营的过程中，也有一些基层日化企业在产品设计上取得成就与认可，其中凤凰日化公司和上海家化公司在产品设

---

①　计划经济给我们带来了很多问题——专访上海家化董事长葛文耀．[2013-11-10]．http://money.163.com/09/0823/18/5HE27ACE00253JP6.html

计上有较多的投入与创新。在 1995 年国际包装评选之中，凤凰日化公司（由原上海日化二厂改组）的赵佐良设计的“凤凰”系列化妆品，与上海家化周爱华设计的“清妃”化妆品都获得了当年“世界之星”的奖项，这意味着中国化妆品设计又重新在国际设计界的视野中出现，并且获得了一定的认可。

然而，由于新时期各日化厂的生产与设计各自为政，产品线四分五裂，原先在计划体制之内由美工组设计的具有统一性的“美加净”产品整体形象不复存在。市场的货架上到处可见“美加净”，却再也看不到以前那整体、统一、协调的“美加净”品牌形象了。上海牙膏厂在与上海家化争夺“美加净”品牌的过程中，曾于 1990 年给顾世朋颁发了 3000 元的奖金，这是顾世朋一生中除了工资之外领到的唯一一次设计奖金，却是在企业为争夺品牌归属权的情形之下颁发的，让人不免对市场经济前期探索的过程中，中国日化行业在整体品牌管理上的纷乱情况有所体会：原先计划经济时期受到统筹与调控的整体格局被打破之后，新的管理秩序尚未建立起来。

4.3.3 企业管理架构下的设计体制

上海家化在逐步成长为中国日化企业龙头老大的过程中，企业管理者在品牌和产品设计中起方向性的决策引导作用。国营企业的自主权在市场经济环境之下已经有了相当大的提升。从 1985 年成为家化厂长以来，具有日化公司计划科工作背景的的葛文耀在产品策划与市场投放上的经验影响了上海家化的发展决策，企业在发展过程中逐步形成了在国内同业中相对完整的企业架构和完善的企业管理机制。

企业管理者对于品牌的定位与方向性把握为品牌的设计与推广

定下了基调，品牌策划、产品研发、设计制作、生产营销的具体流程则需要企业各部门之间的通力合作方能得以完成，以支撑企业管理者在决策层面的“大设计”。

从1980年代上海家化的研发部到今天的技术中心，其演变过程可以看到一个设计机构逐步完善的发展过程。

上海家化企业内的设计部门，从1980年代尚未具备明确的部门内机构设置的“科研部”，已经发展为“上海家化技术中心”。技术中心包括了产品开发中心、设计中心（外包装开发部门）、应用基础研究中心、综合管理部与情报法规部。技术中心由设计部门与研发部门结合形成，体现了市场经济环境下，企业在面对更加复杂的挑战时，企业内部也在努力完善机构设置与职能协作，形成应对机制。

4.3.3.1　逐步完善的企业内部设计体制

上海家化技术中心下设的设计中心是企业内部负责产品设计的核心部门，最早的设置是创意部门与材料研究部门。后来，从包装材料部门中分出包装结构开发、包装材料开发与包装评估部门，形成创意开发部门、包装结构开发部门与包装评估部门的完整设计组织架构。据周爱华回忆，上海家化在中国化妆品行业首创评估室，形成系统的工业设计程序。原先的中心实验室也转变为职能更为完善的产品开发中心，从产品外观设计部门中分出结构设计部门与工艺部门,形成产品开发部门、工艺开发部门与大师工作室的基本架构。

企业内部的设计管理流程也逐步完善。周爱华在担任科研处的副总监负责产品的整体研发时，开始实行外观设计与结构设计相结合的“并行设计”机制，历时近五年形成完整的设计运作机制，设计师在形成设计创意的同时与结构设计、包装材料开发的专业人员沟通，在最终创意实现之前，各设计分支的专业人员得以及时沟通与调整。

企业内部的设计师培养机制也逐步完善。1980年代，上海家化的科研部作了新规定，要求沈缨等青年设计师在最初进入家化的头一年必须到工厂亲身体会车间的生产活动，一直到现在，新来的设计师仍然必须经历这个必要的成长与体验过程。徐军谈起他1991年进入上海轻工业专科学校就读于装潢美术专业，1994年毕业后刚进家化时也被派到车间去实习，了解生产状况，并且要到各个零食商店做上海家化产品的市场调研。从最底层的工作慢慢去了解与体会一个企业的产品与生产，在这个过程中去了解企业、品牌与产品。

除此之外，设计师必须要自己去到工厂“盯打样”，必须亲自监工设计样品的制作过程，这是由周爱华定下来的规矩，虽然是一个不成文的规定，但是由于这项规定，上海家化培养的外观设计师都对产品的结构与制作工艺有了更好的理解。

4.3.3.2 企业的品牌管理与产品导向

从庄臣回来的上海家化学到了毛利的概念，并开始沿用外资公司设立品牌经理、进行人才细分的做法。上海家化企业下属的各个品牌的平面设计都通过事业部与国内外专业广告设计机构合作，企业内部的设计研发主要体现在对品牌产品的内材研发与外包装设计，技术中心至今已经形成了内—外开发相结合的设计路径，与此同时，在研制与开发高端定位的新产品与新品牌的过程中，则尝试借助国内外独立设计机构的力量，来共同完善品牌的构建与设计的提升。

上海家化现今旗下有十几个品牌，每年对原有产品的改良与新产品的试制有一个详细的计划，设计师每一年的设计任务都很重，设计团队的压力相对也大，每一年都要努力做出变化，常变常新后面有稳定的专业技术人才和稳固的设计投入作为支撑，而这也是上海家化能够稳占市场份额的一个重要原因。

国外合作与设计研发方面也有所提升。在参与国际项目的过程中，设计师对包装设计的理解也逐渐深入。上海家化于1998年开发的"迪斯"香水，从市场销售的角度上看是失败案例，但从企业内设计体制的角度上看则是完善了家化内部设计流程，与法国合作的设计过程对上海家化内部设计机构设置上的调整与设计流程的完善起到了促进的作用，提升了企业内设计机构的研发能力。

上海家化从1980年代以来开发"美加净"、"六神"等大众品牌起步，在日化领域已经有了一定的积淀，有能力打造属于中国的时尚产业与时尚品牌，上海家化在20世纪初期便以"佰草集"、"迪斯"、"双妹"等品牌的研发与复兴为契机，集合国际团队来打造中国的高端日化品牌，并寄期望于发展上海家化的时尚产业，形成具有中国本土特色、又有国际风范的中国化妆品品牌。这一时期，上海家化设计团队的国际合作与产品开发呈现出新的特征，具有开拓性、探索性与尝试性。

4.4 小结：开放与竞争的产业环境中的设计体制

4.4.1 市场导向的设计体制

2001年，上海家化在上海证券股份有限公司成功上市，日化企业为了自身发展而搭建资本平台，这在国内化妆品行业中尚属首例。随后的企业改革中，上海家化渐渐撕掉"国字号"企业标签，转型为"混合所有制"企业，寄希望于企业改制后少受国家行政指令干涉，让企业更加自主地参与市场竞争。

应对市场化环境下激烈挑战而形成的中国现代设计体制具有明显的开拓性，企业本身也面临发展自身内部设计机构或与社会独立设计机构合作的选择。企业内的设计机构一方面要遵循公司对于品牌与产品的整体发展规律，另一方面要通过自身的设计来形成品牌的差异性，维持消费者的忠诚度以赢得市场。独立设计机构一方面要与企业形成良性的合作关系以获得设计委托，另一方面也在市场上与企业内设计机构的设计形成竞争。在开放竞争的市场环境之下，现代设计体制比计划经济时代显得丰富而多元，既有国家层面的设计支持，也有企业层面的设计投入，还有个人层面的设计拼搏。

4.4.2 独立设计机构与企业内设计机构的利弊分析

4.4.2.1 灵活的独立设计机构

1992年由邵隆图以个人名字命名的“隆图广告公司”已经发展为今天的“九木传盛广告设计公司”，成为上海独立设计机构中的佼佼者。邵隆图提起，九木公司每一年的业务营收大概是1600万，一个设计方案设计委托费用大概为200万。公司长期为企业做设计维护与品牌持续发展策略[①]。公司形成了围绕设计创意的工作团队，由不同知识背景的员工分别负责项目调研与市场研究、文案策划（提炼关键词）、产品设计等环节。

九木公司一开始启动“石库门”上海老酒的开发项目的时候，上海新天地正在建设之中，民众对即将逝去的东西都会比较关注，也比较珍惜。设计团队抓住这样的心理，巧妙地把握了“时空关系”，

---

① 邵隆图访谈，2012年1月，参与人：许平、张馥玫、蔡建军、陈仁杰、谢雨子、王一淇等。

将“石库门”这一上海人极为熟悉的视觉符号加以提炼，调动了几代人的集体记忆，取得了设计上的成功。第一批108万箱很快就售罄，每年该品牌黄酒的单品销量保持在270万箱，在中国黄酒销量第一。经过10年的销售，疲劳期出现，所以为了维持它的高度，加了门牌号：“石库门1号”。赵佐良重新设计了两个瓶子，使用了蓝底白字的色彩体系，又将产品的销量撑起来了。

商业美术是一种“寄生”行业，依附于其他产业的发展情况，依附于市场。随着上海城市定位的转变——制造业的比重下降，保持金融中心与商贸中心的地位，设计机构的组织形式与生存方式也会随之发生变化。

4.4.2.2　企业内设计机构

随着改革开放的深入，日化企业和其他企业一样，面临从计划经济向市场经济转型的挑战。中国日化产业的格局也发生了巨大变化，上海在20世纪中叶盛极一时的几个大日化厂在企业改制、外资合作、中国入世后，在与国际日化航母级品牌竞争的过程中均受到了很大的冲击与挑战，其他上海当年盛极一时的日化老厂都沉寂湮没了，上海家化在这个过程中虽然也备受挫折和挑战，但至今仍然稳居中国日化产业龙头老大的位置。

作为一个从1980年代便开始在上海家化工作的产品外观设计师，周爱华通过转型从事设计管理工作而在这个大型集团公司中担任整体研发部门的副总监。这是设计作为一种品牌创新的手段，在整个公司里面的地位发生变化的一个标志。周爱华担任上海家化技术中心（研发部）的副总监时，在整个公司层面成立了创新委员会，制定了整个公司的创新流程。2005年，上海家化应邀参加首届“D2B国际设计管理高峰会”，并作了关于企业内部设计管理的专题报告。

周爱华很强调设计师所做的工作并不仅仅是外观设计，根据化妆品产品的特殊性,还要考虑内容物的灌装过程,考虑模具的吹胀比,做跌落试验，因此外观设计师需要和做内容物的人、做结构设计的人去沟通。企业内的设计机构的优势在化妆品这一类型的产品设计过程中得到了很好的体现。上海家化建立了创意设计和理性研究两个人群相结合的产品研发梯队，创意设计与结构设计相结合，外包装设计与内容物设计相结合，形成了完善的产品研发流程，对于同类产品的设计研发具有借鉴意义。

上海家化技术中心多次成为上海市技术创新的楷模。1998 年被国家经贸委等部门认定为国家级企业技术中心，被国家人事部批准为博士后科研工作站。技术中心（研发部）之下分设的基础研究部、博士后流动站和产品创意开发部门，实现了内材开发、外包装开发与产品开发几方面人才的集聚与沟通合作。

4.4.2.3 填补式——新时期设计体制的多向拓展

上海家化企业内的设计机构由 1980 年代的设计室成长为今天的技术中心，这一现象集中地反映了日化产业中的基层设计力量逐渐成长起来的过程。在市场经济开放竞争的过程中，面对市场化、工业化程度日益提高的产业环境，企业建立了现代经营管理制度和厂长责任制，这些举措均有效地扩大了企业的自主权。企业在对自身发展方向进行通盘考虑的时候，从原先重生产线和技术引进的思路转向了重品牌、重设计的发展策略。企业内的设计机构也在企业自主发展的过程中，通过对企业文化的塑造和品牌的定位，来寻找产业需求中的设计空缺，并且尽力去填补产业设计中的真空地带。上海家化在市场化的企业改制中走得十分艰难。20 世纪中叶“给予式”的设计体制中，将设计纳入国家行为的强有力的行政驱动力，在这一时期也渐渐减弱，原先被计划生产所遮蔽的产业、商业发展的单一性与滞后性也显露出来，社会需求再次被开发，设计需求也在这一过程中被开发与填补。

独立设计机构在这一市场化的产业发展过程之中，也在寻找生存的缝隙与位置。邵隆图、赵佐良等一批从计划体制中走出来的设计管理者与设计师，对计划经济时代中间层次的设计组织形式有切身的体验，他们所经营的独立设计机构服务于更大的产业范围，在国退民进的产业环境中寻找自身生存与发展的空间。

对于企业内设计机构与独立设计机构的利弊比较，即使在相对成熟的西方设计界也尚未形成彻底的定论，在中国独特的产业环境之下更是难以断定谁优谁劣，两者各有利弊。驻厂设计机构对自身产品的熟悉、了解程度最高，最了解企业本身的需求，是设计在地化的最好体现，却缺乏新鲜资源与创想的刺激，容易在长期的设计中陷入自我复制的循环圈套。独立设计机构作为一种机动、灵活的存在，其设计本身也更有活力与跳跃性，然而其对于企业品牌与产品的理解却不是原生性的，而是外来的、间接的了解，对于产品的了解程度难以与企业内设计师相比。

于是，新时期的产业环境中出现了多向拓展能力的“填补式”设计体制，个体与群体之间在探索新的合作方向与方式，个体利益与集体利益之间形成新的认识与联结，各种形式的设计机构都在努力找寻自己在产业环境中的位置，既有一定自发性的设计行为，又总是受到国家自上而下的行政力量的干预而作出让步与调整。这种“填补式”的设计体制仍无法实现设计产业积极有效的扩大，仍处于中国设计体制创新的过渡历程之中。

5 结语：中国现代设计体制初探

5.1 “嵌入”中国现代化历程的设计

5.1.1 艰难的“嵌入”

一百多年来，现代设计进入中国经历了一个含辛茹苦的“孕育”过程。经济学领域的“镶嵌”概念也适用于描述设计在产业发展的过程之中嵌入社会结构的过程。原有的产业结构由于设计的“嵌入”而发生位移与重组，形成新的产业结构。

中国的现代设计发轫于20世纪初的半封建半殖民地社会，几乎与中国产业发展的过程同步，民族工商业在官府企业、外资企业的夹缝中艰难求生，中国现代设计伴随着尚未发展完全的工业生产与模糊的社会分工而产生。中国最早的设计萌芽可以从类似“广生行”这样的小型日化企业的研发机制中略见端倪。“广生行”作为上海日化行业的一个代表性的企业，它与当时上海商业美术设计圈有着密切的关联，“双妹牌”产品在20世纪初中国国力相对微弱、在国际上缺失话语权的情况之下，走出国门获得世界性的认可，其品牌产品的设计推广几乎是20世纪初品牌宣传的典型。广生行与商业美术、西洋美术、工艺美术的启蒙状态形成了密切的关联，中国的现代设计机制从“双妹牌”化妆品这些日化产业品牌运作活动之中逐渐成长起来。

在中国现代设计体制发展的过程中，设计的驱动力在结构上经历了几次转变。20世纪初期体现为产业生产的驱动力和商业竞争的驱动力所形成的一股合力，受商业利润与市场价值规律驱动。20世纪中叶的中国现代设计被纳入国家产业战略的统一行为之中，成为生产过程中的一个必要环节，国家行政管理的力量强悍地统合了产业、商业、文化的诸多因素，形成了设计发展的纵贯力量。1980年代以来，国家行政管理对设计的驱动力正在逐步减弱，而产业、文化、商业在自主拓展的过程中形成了一股新的设计驱动力，支撑中国现代设计体制的发展。中国现代设计体制变迁的过程体现了中国现代设计“嵌入”中国现代化进程之中的艰难过程。

5.1.2　设计的“正名”

20世纪初期，艺术与设计在概念上相对模糊，并未形成明确的学科分野。经历了一百多年的发展变迁，今天的艺术与设计在概念上形成了明确区分，这一过程可谓设计“正名”的历程。设计在完成自身的概念界定之后，今天的设计与艺术在创作上又时有跨界。

现代设计从单一环节的创意构思也逐步拓展成为与市场营销、文化传播等举措相结合的完整的设计管理程序，完成了设计概念的拓展。现代设计从早期单个产品的委托设计，发展到现在对产品设计研发周期的整体把握，形成了从调研到用户回馈的完整过程。现代设计作为长期产品研发策略中的一个环节，重视前期的调研、消费者需求研究，形成一个具有延展性的系统，其中除了设计这一个环节由设计师来完成，其他相关环节需要各种专业的团队来配合，这应该是设计在市场经济环境下所体现出的与计划经济环境之下不同的特征，在对设计的认识上发生了转变，形成了“大设计”的概念。

5.1.3　绵延之力——中国现代设计的代际传承

反观一百年以来中国现代设计发展的历程，尽管不同历史时期的企业文化、设计人才的成长环境、设计呈现的面貌等方面都呈现出截然不同的风格与特征，但是，在变迁的风格与活动形态之下深藏的潜流却具有稳定的延续性。上海百年以来设计人才的代际延续并未因为20世纪中期起起落落的政治运动而产生明显的中断。现在活跃于上海设计行业之中，具有影响力的设计师，大多从上海轻工业学校毕业。上海轻专的设计教育从源头上与艺术教育形成了差别，重视工业基础，因设计受材料、工艺、成本、法规政策、大众审美等诸多社会因素影响。而从上海轻专的设计教育再往上追溯，20世纪初期活跃于上海商业美术界的“老法师”们的设计活动与成果便历历在目了。

任何一个理想之境的实现或达成，总要付出一定的代价。“文化大革命”结束之后，中国社会经历了思想上的一次彻底的解放与反省。那些在脑子上长了“反骨”的艺术家，在千人一面的僵化艺术体制之中发出铁屋子中最清醒的呐喊，形成坚定的艺术语言，然而，设计体制之中设计师的作为不一定有如此尖锐的文化意义。那些在“文革”的清算与压迫之中，仍能有自己的设计坚持的设计师，那些在官僚化的设计体制之中仍然保持真我的设计师，那些敢于在既有的设计体制之中坚持对设计进行创造性探索，激发设计体制改革之力的设计师，都值得我们敬佩与学习。

顾传熙回忆起父亲顾世朋去世前不久的一个举动：80岁的顾世朋有一天从柜子中拿出一个已经泛黄的“美加净”产品的包装盒，重新拿白颜色涂了一遍，又放回柜子里。这在儿子心中留下了极为感伤的深刻印象，这一情景中有“老法师”退出设计舞台的落寞——科技发展使今天的设计手法与设计技术与半个世纪之前已经迥然不同，然而，这一情景也体现了老一代设计师对设计的坚持和对设计成果的珍视与爱护，让今天的设计师心生敬畏。

如今，新一代设计师也正在努力接续起近百年以来的文化脉络，尝试复兴20世纪初期繁华上海的老品牌。1960年代计划经济体制之下产品设计的怀旧风格也给今天的现代设计注入了新的活力。每一代设计师的时代际遇各不相同，不同时代的设计驱动力一直处于变化之中，设计人才之间的代际延续使设计经验从一个时代带入了下一个时代，完成设计发展的内部经验传承。具有探索性的设计体制需要一个漫长而耐心培育的过程，离不开设计人才的教育与设计力量的积蓄。

5.2　探索中的中国现代设计体制

5.2.1　中国现代设计体制的沿革与思索

现代设计嵌入中国社会结构的历史进程，既是设计这一概念“正名”的过程，也是设计融入产业环境，逐渐被社会所接受的过程。在特定的历史情境中具有中国自身发展特色的设计体制形成了：20世纪初期的设计体制具有“吸附式”的特征，20世纪中叶体现为“给予式”的设计体制，1980年代以来则逐渐形成了“填补式”的设计体制。

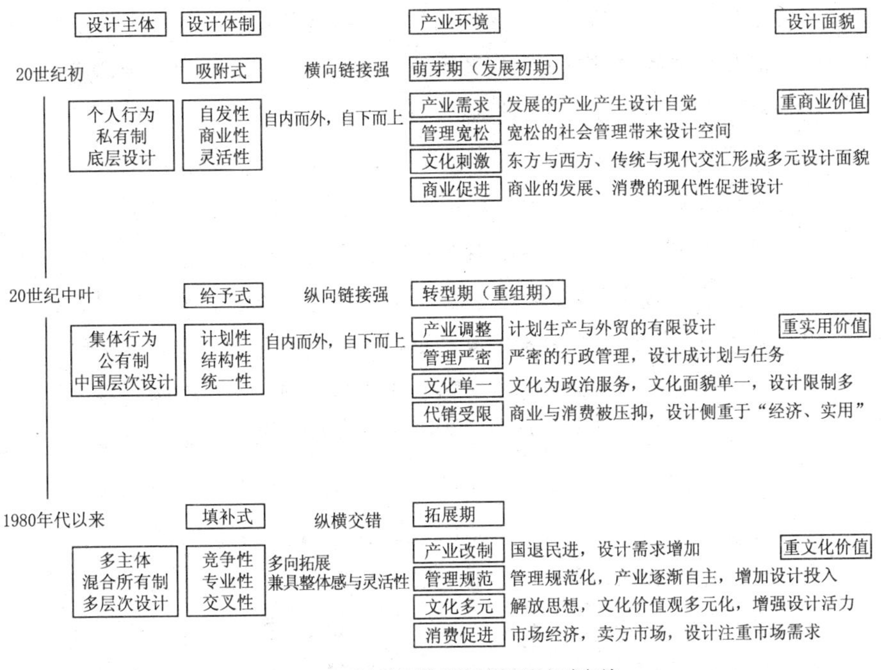

图 5-1 20 世纪中国设计体制特征的初步归纳

5.2.1.1 20 世纪初“吸附式”的设计体制

如果用今天的标准来衡量，中国 20 世纪初期的设计体制是极不成熟的。刚刚从最初的印刷工场、广告公司业务部脱胎出来的少数设计者，凭着自己仅有的市场经验开始投入“设计机构”雏形的运营。对这些草创阶段的设计机构而言，它们既不具备现成的经验，也不具备完整的专业资源，但是它们具有一个显著的特点，就是“吸附式”的整体特征。

我们仍以这一时期较有代表性的商业美术机构“穉英画室”为例。杭穉英少年时期便来到上海，其早年的设计学徒经历可追溯至商务印书馆与土山湾孤儿工艺院等机构的设计技艺传承。商务印书馆在文化出版与传播中形成了早期的商业美术需求，印刷所的图画部成为培养上海早期设计人才的摇篮，而商务印书馆图画部的设计人才又可追溯至土山湾孤儿工艺院，其在宗教传播中最早将西洋绘画、工艺与印刷等传入中国上海，形成了上海现代设计的某种"原点"。而正是这些相互关联的资源，在杭穉英等人展开初创的设计业务时便形成一种无形的吸附链，将种种与早期设计有关的资源汇集到一起，成为中国设计最早发端的某种格局。不仅如此，西方外来文化对中国传统文化产生的一连串冲击、碰撞与激荡，从一个侧面导致最早的设计需求在民生产品、文化出版甚至宗教推广中相继出现，日化、五金、制药、卷烟等轻工产业也与此同步，在原先完全缺乏设计的社会经济系统中播下了若干颗催发设计生机的种子。

19世纪中后期，现代工业系统随着西方经济的强势入侵而移植到中国，外来的产业力量推动了中国的工业化进程，本土产业被动地从手工业作坊向初步工业化机械生产转变，在发展的产业中形成了最初的现代设计需求，外资企业、官办企业与民营企业在产业生产与竞争的过程中形成了初步发展的产业面貌，而以日化产业为代表的新兴产业中，外商与民族工商业之间的竞争，形成了产业生产层面对设计的推动力。

穉英画室承接上海诸多企业的设计委托，广生行的"双妹牌"化妆品的宣传与推广可谓20世纪初期品牌设计的一个典范。以广生行的老板冯福田为代表的企业家通过商业美术委托来促进产业的发展，而以杭穉英为代表的一批商业美术家则响应产业的设计需求，接受商业订件而从事商业美术活动。

现代生活形态随着产业的发展而在中国社会上迅速得以普及，

各式日用品在工业生产初步发展的过程中也开始进入民众的视野与日常生活之中，日用品在工业初步发展的过程中形成了规模。产业的发展满足了社会需求，社会需求也由于产业的发展而日益丰富，进一步促进了产业的发展。在产业与社会需求形成连接的环节之中，形成了早期的商品经济，以四大百货公司为首的商圈展现了20世纪初上海繁华的商业面貌与消费能力，现代消费的观念也进一步刺激了社会需求与产业的发展，消费现代性促进了设计的现代性发展，在商业层面上形成了营销商对现代设计的另一股推动力。

20世纪初期的上海处于相对宽松的社会管理氛围之中，上海“三界四方”这一独特的社会管理状况，使出版、工商等法律法规在制订与执行的过程中存在一定的缝隙，给设计行为的实施带来了空间。

东方与西方、传统与现代在上海的交汇形成了20世纪初期设计的文化刺激，中国的现代设计在模仿西方的过程中也渐渐彰显出自身的民族特色。民族主义的消费情绪在国家、民族危难的战争时期也时有高涨，西方样式在中国被迅速加以本土化改造并流行，逐渐形成当时中国的现代设计样式。

综上所述，在20世纪初中国与西方战事不断的社会环境之中，工业生产、商业、文化与社会管理形成了横向连接很强、富有活力与弹性的产业环境。产业的发展与商业的发展是设计发展的两股驱动力，在相对宽松的社会管理制度氛围与文化碰撞交流的社会环境之中，形成了一股合力，原来的产业结构缺乏设计的相关支持，产业与商业发展的过程之中，不同设计门类之间形成了交流合作。

这些设计生长点，既有以杭稺英的稺英画室、孙雪泥的生生美术公司为代表的本土设计机构，也有海外留学带回设计和管理经验的大型广告公司和个人设计事务所，如陆梅僧主导创办的联合广告公司、林振彬的华商广告公司。除此之外，英美烟草公司、中国化学工业社等资本雄厚的大型企业也会成立专门服务于自身产品的企业内设计部门。这些人以及相关的设计机构，在这个原先缺乏设计的产业结构中切入了若干个点，根据自身对产业与设计关系的理解与活动能力而吸附能量，最终，这些能量集结形成了一个个初具规模的设计实体。在这个中国初始的设计生态形成的过程之中，文化、管理等外部因素的影响微乎其微，设计机构本身通过吸附能量而自发地完成了成长与发育的过程。当这些设计实体自身吸附能量达到一定的时间，形成一定规模的时候，它们就连成一个整体，慢慢形成了当时整个社会层面的设计生态。这是一种自下而上、由内而外地形成的“吸附式”设计体制。

穉英画室、英美烟草公司广告部等形成一定规模的设计机构，它们均有相似的组织结构，由一个关键人物主导形成设计团队，分工合作建立完整高效的设计流程，其中联合广告公司的规模最大（15人），其他则多为微型的团队规模。这些来自社会基层的设计主体，它们私营与私有的性质，决定了设计在20世纪初既作为一种个体行为，同时也具有灵活性，在对产业与商业需求的响应上行动灵活，在机构人员的进出机制上也很灵活。

20世纪初的设计，侧重于商业价值，设计是商业竞争中的一张表皮。这一时期的设计面貌表现为商业宣传设计的发达，在包装设计上除了少数具有原创性的设计之外，多为抄袭模仿。这一时期的设计贴近于当时的产业与商业发展的现实，多数设计具有明显商业特征。这些浮于表面的设计缺乏深入的研究性，“商业美术家”的地位也相对较低，设计作为商业的附属品，其本身的价值仍有待进一步挖掘与提升。以上是这一时期“吸附式”的设计体制的弊端。

5.2.1.2 20 世纪中叶“给予式”的设计体制

与 20 世纪初期的“吸附式”设计体制相比，上海日化产业的设计体制便具有某种“给予式”的意味。所谓“给予式”的设计体制，是从国家的发展需要与产业规划出发，由政府机构作出决策，组织设计机构对生产单位提供指导与设计服务的一种体制，国家计划统筹的行政力量“给予”了这一时期设计的最主要的驱动力。

前文所举的“老法师”顾世朋便具有“给予式”设计时期代表人物的意味。顾世朋经历了从 20 世纪初期“吸附式”的设计体制向“给予式”的设计体制转变的过程，设计的产业环境在横向连接的层面上由于行政管理而弱化了,然而纵向的连接却变得强而有力，产业、商业、社会需求与文化发展都在新中国的行政体系与制度管辖之下。

国家从行业发展的整体层面对处于生产基层的企业加以区隔与调配，在国家资源之间形成结构体系，力促产业的重组与转型，在着重发展重工业的同时也对轻工业的发展有所推进。以日化产业为代表的上海轻工业系统在经历了新中国公私合营的产业调整之后，形成了条块分割明显、行业内各基层单位分工明确而平均发展的产业体系。

这一时期，产业内部各基层单位的商业竞争意识被刻意弱化，国内的商业活动在计划经济体制之下变得高度集中，指令性的计划生产与管理使商业与消费处于被压抑与控制的状态，“供销”的概念长期取代了商品自由生产与流通的状态，商业竞争意识被压抑，强调集体主义合作精神与服务意识。高度集中与封闭的商品流通情况仅能保障国内人民的基本生活需求，这时的设计侧重于“经济、实用”，“美观”的要求尚难真正得到满足。

广交会所带动的外贸活动给这一时期的设计带来了极为有限而

宝贵的探索空间，为了改善出口产品在国际贸易中品质低劣的形象，国家在行政管理层面上给予了设计发展的推动力。此时外贸样品是唯一的外来设计资源，尽管行业内部的交流提高活动时有开展，却难以摆脱视野的局限性。

这一时期的社会文化与意识形态受到国家层面的严密管控，文化为政治服务，推崇工农兵“喜闻乐见”的通俗形式，在各种文化宣传活动与形式之中均要求去除“封资修”相关内容。单一、封闭的社会文化与精神面貌给设计带来了许多不必要的限制。

综上所述，强有力的行政干预在百废待兴的新中国建设初期阶段有其必然性。产业、商业、文化与社会需求均在国家计划体系的宏观调控之中，设计在这个过程中成为社会化大生产的一个环节。顾世朋所在的轻工业局下属日化公司技术科的美工组，便统合了不同日化厂的美工力量，以“会战”的形式指导各厂的产品设计工作，形成了20世纪中叶中国独有的“中间层次”的设计组织与活动形式。轻工系统的其他行业也都采用美工组的形式来组织设计活动，在生产资料公有制的基础之上，“美工组”的形式使设计成为彰显集体精神的实践行为，体现了中间层次的设计体系与设计技术。这既不是单个企业的自发行为，也不是来自国家的整体设计任务，而是处于中间阶段的设计，上面指向设计目标，下面指向设计战术和战略过程的展开。美工组这种介于独立设计机构和驻厂设计机构之间，凌驾于企业之上又受到行政管理和指导的设计组织形式，体现了“给予式”的设计体制所具备的自上而下、由外而内的组织状态，具有计划性、统领性与研究性，服务于行业整体均衡发展的目标。

20世纪中叶的设计侧重于实用价值，设计成为计划生产中的一个环节。这一时期具有全局统筹能力的设计体制，其优势与短板都体现在“给予式”的特征之中。

在优势方面，国家的整体规划与宏观调控对产业发展形成了决定性影响。首先，国家自上而下的资源统合能力形成很强的计划性与结构感，将生产、技术、教育等领域的设计资源集结起来，在上海轻工业系统管辖下的轻工业学校开设造型美术专业，为设计力量短缺的轻工业系统输送人才，并通过美工人员的调配，使相对落后的产业呈现出具有整体感的面貌。上海日化公司美工组为分属于不同企业的“美加净”产品打造了高品质的整体形象设计，这典型地体现出这一时期设计体制的统领性。其次，这一时期在各行业中从事设计实践的美工组和以赶超外国先进水平为目标的研究机构相继成立，在“整旧创新”、模仿造型、逆求结构、赶超国外先进产品的过程中也使这一时期的设计活动具备比20世纪初期更深入的研究性，商业宣传方面的设计行为受到抑制，然而产品设计方面的设计行为反而有了进一步发展。

在短板方面，首先，基层设计组织由下往上对美工组等中间层次的设计组织的响应一直都没有达到理想的状态，基层的设计力量长期处于薄弱状态，因为计划性的设计需求不是从切实的产业土壤上成长起来的，而是根据一个宏观的目标来组织设计实践活动，但是设计的目标与产业的现实之间并没有完全对接。当时百废待兴的产业环境仍处于初级生产的状态，远远没有到达到通过设计来提高品质的时候，所以设计任务在从上到下的贯彻过程中经常会碰到阻力，到了一定的时候便难以延续了。其次，当计划经济体制开始松动，基层设计机构的力量渐渐增长，多个基层设计组织同时响应美工组的指导任务的时候，它们实际上形成了相互排斥的力量，无法真正形成一个整体，这也是美工组在改革开放之后渐渐式微的原因之一。

5.2.1.3 1980年代以来"填补式"的设计体制

改革开放以来，中国的现代设计既面临与20世纪初期相似的激烈的国际商业竞争环境，又具备了相对独立自信的民族心态来面对向全球开放的市场环境。前三十年计划经济环境之下的产业经历，既留下许多弊端与印迹，与此同时，也带来了一些合理计划和宏观调控的行业设计经验。即使在今天，大部分国有企业在管理运作上仍然带有计划时代的行政指令性，从体制上、观念上，都不可能将几十年的运作习惯一下子根除，因而必须经历一个逐渐转变调整的过程——原先计划经济体制之下的产业环境中所存在的设计需求与空缺也逐渐显露出来，各种形式的设计组织在响应产业设计需求的过程之中，形成了可以称为"填补式"的过渡阶段的设计体制。

改革开放是中国产业经济在新时期实现拓展的起点，基层设计力量在计划经济逐渐松动的过程中再一次成长起来，国家对不涉及国民经济命脉的产业实施了加大发展自主权的改制措施。

在新时期，社会对产业的管理也趋于规范化，随着产业工业化与自动化程度越来越高，国内企业与国外企业之间的生产技术差距正在逐渐弥合，市场化对于中国本土产业投身于全球产业竞争也提出了更高的要求。在这一过程中，企业逐步增加了设计投入。

发展至今的混合所有制经济，既有市场的要素，又有政府的因素，外资重新进入中国，个体经济也逐渐发展起来，日化等行业中的国有企业也面临着改制与转型，以适应混合型经济的竞争环境。上海家化便是国退民进的产业改革大潮中的一个典型案例，从国有企业转变为混合所有制经济形式的日化企业。

社会需求方面，从供给制重新回到受市场规律影响的商品自由流通状态，商品供应充足而丰富的盈余社会形成了卖方市场，这迫使企业更加注重对市场需求的挖掘与满足，在过多的商品选择与过热的消费中寻找企业自身的立足之地。设计在其中起了重要的促进作用。

“文化大革命”结束之后，中国从封闭、单一的社会文化与意识形态中迅速解冻，大众的文化观念与价值观越来越趋于多元，改革开放使国外时新资讯进入中国更为便捷，出国求学与交流的机会也日益增多。随着民族自信心的增加，东方文化元素在设计中的呈现与运用在新时期也得到了更多的提倡。多元而活跃的文化氛围增加了设计的活力。

因此，随着政府在行政管理上的逐步放宽与完善，新时期的设计体制在产业、文化、商业、社会管理等方面形成了横向拓展的能力，兼具了整体感与灵活性。在混合所有制的生产资料基础之上，设计主体从 20 世纪中叶以美工组形式为代表的单一的中间层次的设计组织发展为企业内设计机构、独立设计机构、国家研究单位等多主体的设计组织形态，在多个层次上实现设计目标。设计师也逐渐从计划经济时代服务于产业的一个生产环节的劳动者，转变为对时尚趋势具有敏锐体会的创意新贵。

上海家化的老当家葛文耀便是这一时期的代表性人物，在中国日化产业滑坡的背景之中，作为企业方向的把握者，他对品牌发展战略的实施使其成为“大设计”意义层面的设计师，企业内的设计机构一度成为中国产业发展过程中仅有的设计支撑力量。当时，设计机构如何在企业中生存下去是一个关键性的问题，以美工组为代表的局一级的设计机构已经不符合当时的设计趋势，企业内设计机构的重要性日益彰显，日化行业能够在基层成立设计室的原因之一是该行业有可观的利润空间，能够承担设计投入的费用，这也是本书基于日化行业来讨论驻厂设计机构生命力的原因。

“露美”这样的设计项目应上海轻工业系统改造的需要而产生，既体现出转型期设计体制的一些新特点，填补中国在高档成套化妆品设计方面的空缺，也体现了过渡时期的社会因素对设计的影响，展现出中间层次的设计力量逐渐瓦解，基层设计力量逐渐生成的过程。

随着市场竞争与商业利益在社会生活中越来越受重视，许多原先在国家体制内的设计师和管理者脱离原有的单位下海去闯荡，原先在轻工业局技术科工作的邵隆图与上海日化二厂的设计师赵佐良合作创办广告公司便是一个例子。独立设计机构在中国又以燎原之势发展起来，填补产业环境中驻厂设计机构力所未及的设计空缺，形成今天驻厂设计机构与独立设计机构并存的设计组织形式。“佰草集”品牌的塑造与运营，便体现了基层设计力量对填补产业空缺的实践过程。而“双妹”品牌的复兴计划，则体现了驻厂设计机构与独立设计机构之间期望通过合作来填补中国时尚设计空缺的志向。

因此，新时期这种“填补式”的设计安排，既有一定的自发性与自主性，同时又受到产业现实的制约与政府的管控与干涉，兼具了“吸附式”与“给予式”两种以往的不同设计体制的一些共有的特征，又努力克服前两者的不足。今天的产业环境既有与20世纪初期相似的竞争性与市场特征，又处于更复杂的社会环境之中，具备更为开放自信的民族心态。20世纪中叶的计划性经济体制仍给今天留下了深重的痕迹，既带来了僵化管理等必须克服的问题，也使今天多元的设计机构受益于“给予式”的设计体制所具有的统筹性的全局观、产业积淀和人才储备。

1980年代以来的设计侧重于文化价值，设计成为社会行为中的一个系统。“填补式”的设计体制通过引进新的技术手段与管理方式，希望能够迅速达到填补的效果。然而，由于这种设计体制虽然具备了一定的自下而上的生长力量，却又经常性地受到自上而下的行政力量的干涉。因此，驻厂设计机构与独立设计机构之间，至今仍无法彻底形成良性的补充，使产业的设计面貌得以迅速地扩大，而仅仅停留在小范围的合作尝试之中。所以，“填补式”的设计体制其实仍然还是中国现代设计体制发展的一个过渡阶段。

上海家化在二十几年的时间里经历了行业间的合资与改制、破产与兼并，既有经验也有教训，现在拥有“六神”“佰草集”“双妹”等定位不同的日化品牌及系列产品。高层管理团队的更迭使上海家化扶持品牌的梯队有所调整与变化，期望品牌能够在市场份额与社会影响力上均有所增长。尽管如今“六神”已经成为花露水的代名词，人们提起“佰草集”也会想起中国草本精华的护肤成果，但我们似乎很难再看到像1960年代的“美加净”那样品质卓然超群的品牌设计与产品，这是因为在今天开放和竞争的市场经济环境之下，企业的设计运作所面临的机遇与挑战远远大于以前的时代，这意味着无论是独立设计机构还是企业内的设计机构，对他们的组织水平和运营水平的要求越来越高。中国现代设计体制的制度创新问题一直没有得到解决。

5.2.2 在路上——中国现代设计体制创新

2011年，上海家化的股权被平安保险收购，然而，在并购刚刚过去一年，上海家化的时尚事业才刚刚起步的时候，老当家葛文耀却因为与投资方在发展战略上的分歧而黯然下台。2013年9月下旬，执掌上海家化28年的葛文耀宣布因“年龄和身体原因”申请退休，这个轰动性的消息引起了社会上的广泛争论。这也让人进一步思考市场经济环境下资本与权力运作的方式对于中国现代设计体制可能产生的影响，一旦将设计放入完全的市场竞争环境之下，设计工作的复杂程度更甚于前。这一事件也再次反映了上海日化行业的设计体制所具有的代表性和典型性，它是整个中国设计体制的一个缩影。

"美加净"品牌于 2013 年公布了经过进一步调整的商标与品牌形象，通过网络评价可见中国民众对于这个带着民族记忆的品牌仍然十分关注，有评论声称"美加净"某款护手霜的香型和包装与国外某知名品牌极为相似，然而价格却实惠许多，推荐该款产品值得购买。其实，无论是对民族品牌标签的情感认可，抑或是对于成本与价格优势的认可，这两方面都不是恒久不变的品牌优势，一旦这些因素发生变动，中国本土品牌的发展空间便会由于设计创造性的缺乏而受到威胁。

相比起国外企业，中国日化企业的研发投入较少，研发力度仍然薄弱得多，宝洁公司每年的研发投入在 20 亿美元以上，而上海家化每年的研发费用不足 1 亿人民币[①]。尽管资金的投入对于研发力度有重要的影响，然而，研发力度在更大程度上取决于企业从事品牌开发的团队是否有研发的决心。中国企业在研发上的投入不够固然对研发效果造成影响，但这未必是中国企业缺乏创新的全部原因。如果设计师一直处于模仿状态，增加投入也仅仅是增加了模仿的投入，设计与创新水平并不会有所提升。

上海家化的新掌门谢文坚本身对化妆品行业并不熟悉，他所带领的团队邀请贝恩战略咨询公司进行合作，就上海家化的战略发展立下"至 2018 年销售收入突破 120 亿"的军令状[②]。在公司原有行

---

① 熊建，李刚，沈文敏．成本上涨倒逼企业转型升级．人民日报，2011-08-11（10）．

② 崔玲．上海家化喝下"洋墨水"．［2013-11-17］．http://tech.163.com/14/1231/09/AEPJP5KO00094ODU.html.

政管理和科研管理团队经历“大换血”之后[①]，谢文坚将葛文耀时代发展时尚产业的理想收缩为综合性日化企业的稳健型定位，上海家化采取“5+1”的新品牌发展战略，以“佰草集”“高夫”“美加净”“六神”“家安”等成熟品牌的发展与增长为主要着眼点，将处于品牌培育期、业绩与市场效应不理想的“双妹”“恒妍”等品牌则作了暂停投资，重新梳理等接近放弃的决定。品牌战略经历了重大调整，上海家化经历更新与调整的管理团队是否能够迅速满足企业管理运营的需求还有待时间的验证。不同于在日化行业浸染多年的原管理团队，新管理层以职业经理人与战略咨询公司合作管理企业为新模式，大股东平安对于企业发展定位的影响和干预更多着眼于市场的快速扩张与增长。随着中国市场经济的深化发展，企业内的设计体制由于资本对于企业发展的干预与控制，也会呈现新的特征。

一般来说，研究课题不应该涉及在时间上过近的题材，因为对过于贴近当下的材料难以客观公允地进行分析与评判。然而，由于中国现代设计体制这一研究课题本身的特殊性，我们没有必要刻意去回避现状的问题。中国的日化行业现在正面临着发展的机遇，既要去应对市场竞争空前的复杂性，同时又要去响应国内对于通过设计来提升中国原创的呼声，来自消费者的支持也日益高涨，这对于上海家化重新走出一条自己的发展道路来说，是一个难得的机遇。

然而，这个历经百年发展的“坎坷老店”，最终是停留在对西方成功品牌进行简单模仿的陈年老路上，还是有志向去做一些深入

① 综合网络新闻，2014年上海家化的高层管理团队面临重大的人事变动，总经理王茁，曾担纲研发六神、佰草集等品牌内材的上海家化科研部副总监、佰草集中草药研究所所长李慧良，财务总监丁逸菁，几近整个电商团队的核心管理人员均先后辞职。

的研究与开发，为今后日化产业可持续的设计发展寻找更有价值的发展新路，这对当下上海家化的“后葛文耀时代”的品牌设计而言，其实是真正的考验。只有从源头的研究开始，勇于拓展设计本身的创造力的设计体制，才是中国本土企业具有持久的创新能力，真正走出发展困境的关键。

对于独立设计机构而言，在今天注重文化价值的设计环境中，20世纪初“吸附式”的设计体制之中那些强调设计机构的专业性与学科交叉能力的小规模、专业分工明确而灵活的设计组织形式仍有重要的启迪与借鉴意义。顾世朋的儿子顾传熙现在既在院校担任设计系的专业教师，同时又创办了自己的设计公司。中国的设计界有一批年轻的设计师都在尝试与顾传熙相似的“产、学、研”三者结合的设计机构的崭新模式。

然而，中国现代设计组织形式仍然在茫茫求索的路途之中，今天的设计机制离成熟仍然很遥远，现代设计探索的过程还远远没有完成，整个中国社会还没有形成设计评价、设计推动、设计提升、设计再生的完善的设计机制与循环系统。这也导致当日化产业完全走向市场，企业内的设计机构脱离原先的行政领导环境，成为真正在市场上进行拼搏的设计组织结构时，仍然面临着市场的风险与资本的操控。

最终，中国现代设计体制将通向何方？对中国市场来说，我们应该继续期待制度创新的可能性，期待一种既具有全局视野与统筹能力，又能够充分发挥个体作用的设计体制，并耐心培育，等待它成长。

参考文献

民国书刊

[1] 徐悲鸿.中国新艺术运动回顾与前瞻.社会教育季刊，1943，1(2)：32-35.

[2] 广生行十周年纪念盛况.广益杂志，1919（11）：127.

[3] 胡忠彪.广告与商业之关系.商业杂志，1929，4（11）：1-3.

[4] 林振彬.中国广告事业之现在与将来.商学期刊，1929（2）：1-2.

[5] 中国工商业美术作家协会.现代中国工商业美术选集.第一集.上海：亚平艺术装饰公司，1936.

[6] 中国工商业美术作家协会，中国商业美术作家协会.现代中国工商业美术选集.第二集.上海：中国工商业美术作家协会出版事业委员会，1937.

[7] 李元信.环球中国名人传略上海工商各界之部.上海：环球出版社，1944.

期刊论文

[8] 杭鸣时.纪念杭穉英诞辰100周年.美术，2001(5)：52-53.

[9] 吴步乃.解放前的“月份牌”年画史料.美术研究，1959（2）：6.

[10] 顾世朋，邵隆图，张传宝.浅谈上海出口化妆品包装.包装研究资料，

1979（12）：2–3.

[11] 顾世朋 . 化妆品的包装设计 . 装饰，1980（1）：51–52.

[12] 顾世朋 . 我与“美加净”. 世纪，2007（1）：38–42.

[13] 毛溪，尤嵩 . 美加净：中国包装设计史上的里程碑 .DOMUS 国际中文版，2013,79（9）：142–147.

[14] 柳百琪 . 柳溥庆传略 . 印刷工业，2008（3）：108–112.

[15] 乔志强 . 商务印书馆与中国近代美术之发展 . 南京艺术学院学报·美术志设计版，2007（2）：22–24.

[16] 沈剑勇 . 广生行海上风雨录 . 上海滩，2007（9）：16–20.

[17] 蔡登山 . 吕美玉：印在香烟上的名伶 . 南方都市报，2011–03–29（RBZZ）.

[18] 丁浩 . 上海：中国早期广告画家的摇篮 // 上海广告年鉴编委会 . 上海广告年鉴 2001. 上海：上海文艺出版社，2002：148–149.

[19] 陆根发，尹铁虎，王金娥 . 我国近代印刷史珍贵资料：《艺文印刷月刊》. 广东印刷，1995（2）：33 .

[20] 犁霜 . 上海分会讨论实用美术设计问题 . 美术杂志，1963（1）：16.

[21] 郭伟成 . 提高竞争能力，促进更新换代：上海市轻工业局引进样品找差距 . 人民日报，1983–06–13（13）.

[22] 张雪父 . 包装演变话今昔 . 中国包装，1981（1）：14.

[23] 申永 . 记全国第一次包装装潢设计评比会 . 中国包装，1984（1）：13–25.

[24] 邵隆图，唐承仁 .“露美”成功的启示 . 上海企业，1985（7）：37–39.

[25] 易然 .“露美”的成功和启示 . 上海经济研究，1983（7）：21–23.

[26] 邵隆图，唐承仁 . 强化品牌印象是商品广告活动的主题 . 中国广告，

1986（4）：14-16.

［27］　邵隆图．企业形象与识别体系．社会，1989（2）：38-40.

［28］　夏燕靖．陈之佛创办“尚美图案馆”史料解读．南京艺术学院学报（美术与设计版），2006（2）：166-173.

［29］　柳冠中．从中国制造到中国创造：设计创新机制研究．设计杂志，2010（10）：39-43.

［30］　柳冠中．中国工业设计产业结构机制思考．设计杂志，2013（10）：158-163.

［31］　柳冠中．中国制造业企业设计创新机制的探索．美术观察，2013（2）：8-9.

［32］　新华社通讯员．为工农兵服务就是我们的方向：上海轻工业企业根据群众意见提高产品质量、增加花色品牌的故事．人民日报，1972-03-20.

［33］　肖文明．国家触角的限度之再考察：以新中国成立初期上海的文化改造为个案．开放时代，2013（3）：130-152.

［34］　熊建，李刚，沈文敏．成本上涨倒逼企业转型升级．人民日报，2011-08-11（10）.

学位论文

［35］　乔监松．穉英画室研究．杭州：浙江理工大学，2010.

［36］　杨文君．杭穉英研究．上海：上海大学，2012.

［37］　龚会连．变迁中的民国工业史（1912—1936）．西安：西北大学，2007.

［38］　施茜．万籁鸣与同时代的海上时尚设计圈．苏州：苏州大学，2012.

［39］　李锋．二十世纪前期上海设计艺术研究．南京：东南大学，2004.

［40］　胡晓东．中国早期商业广告发展史（1907—1937）．北京：中国美

术学院，2008.
[41] 董宜洁 . 改革开放以来我国艺术设计的发展特征研究 . 武汉：武汉理工大学，2012.
[42] 张磊 . 上海艺术设计发展历程研究（1949—1976）. 苏州：苏州大学，2012.
[43] 孙浩宁 . 新中国体制下的“人民美术”出版研究：以上海人民美术出版社（1952—1966）为例 . 北京：中央美术学院，2013.
[44] 李玲 .20 世纪早期中国消费特性与现代设计的发生：上海永安公司早期商业活动的考察 . 北京：中央美术学院，2013.
[45] 马琳 . 周湘与上海早期美术教育 . 南京 : 南京师范大学，2006.

书籍

[46] 汪耀华 . 商务印书馆史料选编 1897—1950. 上海：上海书店出版社，2017：69–96.
[47] 上海轻工业志编纂委员会 . 上海轻工业志 . 上海：上海社会科学院出版社，1996.
[48] 白光 .“双妹”商标的合法所有人之争 // 白光 . 商标案例与评析 . 北京：企业管理出版社，1996：211–214.
[49] 郑逸梅 . 汪优游演戏撰小说 . 上海文学百家文库第 27 卷 . 上海：上海文艺出版社，2010：251–254.
[50] 顾世朋 . 装潢设计者的使命 // 山东省包装装潢公司，山东省包装装潢研究所 . 中外包装文选 . 济南：山东省包装装潢公司研究所，1983：176–178.
[51] 丁浩 . 将艺术才华奉献给商业美术 // 益斌，柳又明，甘振虎 . 老上海广告 . 上海：上海画报出版社，1995：13–17.
[52] 徐百益 . 老上海广告的发展轨迹 // 益斌，柳又明，甘振虎 . 老上海

广告 . 上海：上海画报出版社，2000：3–10.

[53] 丁聪 . 转蓬的一生 // 范桥，张明高，章真 . 二十世纪文化名人散文精品：名人自述 . 贵阳：贵州人民出版社，1994：491–504.

[54] 陆梅僧 . 中国联合广告公司创办人 // 宜兴文史资料：第 19 辑 . 宜兴：政协宜兴市文史资料委员会，1991：151–154.

[55] 万籁鸣 . 耄耋之年话商务 // 高崧 . 商务印书馆九十年：我和商务印书馆 . 北京：商务印书馆，1987:238–243.

[56] 刘圣宜 . 试论近代岭南商品文化的特点 // 广东炎黄文化研究会 . 岭峤春秋：岭南文化论集（一）. 北京：中国大百科全书出版社，1994:98–109.

[57] 周采泉 . 美丽牌香烟的肖像侵权案 // 萧乾 . 民国志余 . 香港：商务印书馆（香港）有限公司，1995.

[58] 张仲礼 . 旧中国外资企业发展的特点：关于英美烟公司在华企业发展过程和特点 // 张仲礼文集 . 上海：上海人民出版社，2001:271–297.

[59] 上海市经济委员会 . 上海轻工业 40 年 // 上海工业 40 年（1949—1989）. 上海：上海三联书店，1989.

[60] 林家治 . 民国商业美术主帅杭穉英 . 石家庄：河北教育出版集团，2012.

[61] 海宁市政协文史资料委员会 . 装潢艺术家杭穉英 1901—1947. 海宁：海宁市政协资料委员会，2002.

[62] 张燕凤 . 老月份牌广告画：上卷论述篇 . 台北：汉声杂志社，1994.

[63] 张燕凤 . 老月份牌广告画：下卷图像篇 . 台北：汉声杂志社，1994.

[64] 张仲礼 . 张仲礼文集 . 上海：上海人民出版社，2001.

[65] 苏士梅 . 中国近现代商业广告史 . 郑州：河南大学出版社，2006.

[66] 陈歆文．中国近代化学工业史（1860—1949）．北京：化学工业出版社，2006.
[67] 汪敬虞．中国近代工业史资料：第2辑．北京：北京科学出版社，1957.
[68] 黄汉民，陆兴龙．近代上海工业企业发展史论．上海：上海社会科学院出版社，1980.
[69] “中国企业成功之道”上海家化案例研究组．上海家化成功之道．北京：机械工业出版社，2012.
[70] 柯兆银，庄振祥．上海滩野史．江苏：江苏文艺出版社，1993.
[71] 林家治．民国商业美术主帅杭穉英．石家庄：河北教育出版社，2012.
[72] 张根全．中国美术家人名辞典：增补本．杭州：西泠印社出版社，2009.
[73] 王震．二十世纪上海美术年表．上海：上海书画出版社，2005.
[74] 高崧．商务印书馆九十年：我和商务印书馆．上海：商务印书馆，1987.
[75] 贺圣鼐，赖彦于．近代印刷术．上海：商务印书馆，1933.
[76] 黄树林．重拾历史碎片：土山湾研究资料粹编．北京：中国戏剧出版社，2010.
[77] 徐昌酩．上海美术志．上海：上海书画出版社，2004.
[78] 王桧林，朱汉国主编．中国报刊辞典（1815—1949）．太原：书海出版社，1992.
[79] 天津地方志编修委员会办公室，天津图书馆．《益世报》天津资料点校汇编（一）．天津：天津社会科学院出版社，1999.
[80] 平襟亚，陈子谦．上海广告史话 // 上海市文史馆，上海市人民政府

参事室文史资料工作委员会 . 上海地方史资料（三）. 上海 : 上海社会科学院出版社，1984.
[81] 林亚杰，朱万章 . 广东绘画研究文集 . 广东：岭南美术出版社，2010.
[82] “广东与二十世纪中国美术”国际学术研讨会组织委员会 . 广东与二十世纪中国美术国际学术研讨会论文集 . 长沙：湖南美术出版社，2006.
[83] 葛凯 . 制造中国：消费文化与民族国家的创建 . 黄振萍，译 . 北京：北京大学出版社，2007.
[84] 黄汉民，陆兴龙 . 近代上海工业企业发展史论 . 上海：上海社会科学院出版社，1980.
[85] 黄汉民，陆兴龙 . 近代上海工业企业发展史论 . 上海：上海社会科学院出版社，1980.
[86] 李志英 . 中国近代工业的发生与发展 . 北京：北京科学技术出版社，2012.
[87] 上海市文史馆，上海市人民政府参事室文史资料工作委员会 . 上海地方史资料（三）. 上海：上海社会科学院出版社，1984.
[88] 丁浩 . 美术生涯 70 载 . 上海：上海人民美术出版社，2009.
[89] 赵佐良 . 设计策略与表现 . 上海：上海画报出版社，2012.
[90] 张树庭 . 广告教育定位与品牌塑造 . 北京：中国传媒大学出版社，2005.
[91] 徐百益 . 广告实用手册 . 上海：上海翻译出版公司，1986.
[92] 苏立文 .20 世纪中国艺术与艺术家（上）. 陈卫和，钱岗南，译 . 上海：上海人民出版社，2013.
[93] 陈传席，顾平 . 陈之佛 . 石家庄：河北教育出版社，2002.

[94]　李有光，陈修范 . 陈之佛文集 . 南京：江苏美术出版社，1996.

[95]　庞薰琹 . 就是这样走过来的 . 北京：生活・读书・新知三联书店，1988.

[96]　杜莲成 . 中国广告人风采 . 北京：中国文联出版公司，1995.

[97]　范慕韩 . 中国印刷近代史初稿 . 北京：印刷工业出版社，1995.

[98]　马学新，曹均伟，席翔德 . 近代中国实业巨子 . 上海：上海社会科学院出版社，1995.

[99]　吴国欣 . 标志设计 . 上海：上海人民美术出版社，2002.

[100]　朱伯雄，陈瑞林 . 中国西画五十年（1898—1949）. 北京：人民美术出版社，1989.

[101]　杭间 . 设计道 . 重庆：重庆大学出版社，2009.

[102]　上海市档案馆 . 上海市档案馆指南 . 北京：中国档案出版社，1999.

[103]　费正清 . 剑桥中华民国史 (上卷). 北京：中国社会科学出版社，1994.

[104]　沈柔坚，周朱军，李惠康，等 . 根深叶茂：上海美术设计公司四十年 . 上海：上海美术设计公司，1996.

[105]　傅立民，贺名仑 . 中国商业文化大辞典(上). 北京：中国发展出版社，1994.

[106]　陈歆文 . 中国近代化学工业史（1860—1949）. 北京：化学工业出版社，2006.

[107]　马学新，徐建刚 . 当代上海历史图志 . 上海：上海人民出版社，2009.

[108]　上海轻工业志编纂委员会 . 上海轻工业志 . 上海：上海社会科学院出版社，1996.

[109]　高先民，张凯华 . 中国凭什么影响世界 . 成都：四川教育出版社，

2010.

[110] 赵明华 . 国企改革中的工作：中国纺织产业的个案研究 . 北京：社会科学文献出版社，2012.

[111] 陈永忠 . 经济新学科大辞典 . 海口：三环出版社，1991.

[112] 邓小平文选 . 第三卷 . 北京：人民出版社，1993.

[113] 康有为 . 上清帝第二书（公车上书）// 陈永正 . 康有为诗文选 . 广州：广东人民出版社，1983.

[114] 林升栋 . 20 世纪上半叶：品牌在中国 . 厦门：厦门大学出版社，2011.

[115] 左旭初 . 百年上海民族工业品牌 . 上海：上海文化出版社，2013.

[116] 陈瑞林 . 中国现代艺术设计史 . 长沙：湖南科学技术出版社，2002.

[117] 丁浩 . 美术生涯 70 载 . 上海：上海人民美术出版社，2009.

档案资料

[118] 上海档案馆馆藏档案：Y8-1-59，根据《商务印书馆同人服务待遇规则汇编》（1934 年 5 月）一书所附“总管理处组织系统表处”整理出相关机构的层级设置。

[119] 上海档案馆馆藏档案，S315-1-9，上海市广告商业同业公会同业登记表。

[120] 上海档案馆馆藏档案，U38-2-661，法帝捕房审查公理日报躲避警匪局新闻检查拟迁至法租界发行事，1925 年 7 月 9 日。

[121] 上海档案馆馆藏档案，B123-3-175-49，商业局往来文书，1956 年 9 月 3 日。

[122] 上海档案馆馆藏档案，B123-3-175-47，广告业公私合营工作委员会工作汇报，1956 年 9 月 24 日。

[123] 上海档案馆馆藏档案，B163-2-304，上海市第二轻工业局日用化

学公司要求审批李咏森同志为高级知识分子，1956年10月6日。

[124] 上海档案馆馆藏档案，L1-1-116，我对美术用品方面的几个建议，李咏森，1957年5月7日。

[125] 上海档案馆馆藏档案，B163-2-49-26，关于日化公司美工组改为美工设计室事由。

[126] 上海档案馆馆藏档案，B187-1-42-101（美术工作组第三季度工作总结，1957年10月），B187-1-41-11（美术工作组57年度工作总结）。

[127] 上海档案馆馆藏档案，B163-2-1819-1，上海市轻工业局关于产品美术设计工作的管理情况，1964年。

[128] 上海档案馆馆藏档案，B163-1-1036-9，上海市轻工业学校关于报送职工名册的报告，转载于张磊．上海艺术设计发展历程研究（1949—1976）．苏州：苏州大学，2012.

[129] 上海档案馆馆藏档案，B163-2-219-63，为蝶霜、雅霜老图案外合拟即停止使用的请示报告，上海市日化公司，1966年5月27日。

[130] 上海档案馆馆藏档案，B163-4-1218-134，产品美术设计管理工作的情况汇报，上海市轻工业局，1980年11月。

[131] 上海档案馆馆藏档案，B163-4-462-1，上海市日用化学工业公司关于日化制罐厂1972年工业品出口专项贷款设计方案批复，1972年12月—1973年1月。

[132] 上海档案馆馆藏档案，B163-3-785-805，上海市日用化学工业公司革命委员会关于家用化学品厂1972年工业品出口专项贷款设计方案批复，1972年12月—1973年1月。